计算机类专业核心课程系列教材
锐捷网络校企合作教材

U0151776

路由交换技术

武春岭　叶　坤　刘　颖　主　编

王晓卉　汪双顶　龙兴旺　魏文鹏　杨旭东　副主编

电子工业出版社
Publishing House of Electronics Industry
北京·BEIJING

内 容 简 介

本书是按照教育部 2022 年专业教学标准，依据专业核心课程规划，由重庆电子工程职业学院与锐捷网络公司倾力合作共同开发的网络技术及相关专业核心课程教材。全书遵循"工学一体化"课程开发标准，全面介绍了工程组网中使用的组网专业技能。全书由 7 章组成，内容涉及局域网组网知识储备、交换网络组建技术、配置路由实现交换网互连、配置三层交换实现交换网互连、配置动态路由实现交换网互连、交换网接入广域网技术、交换网络安全技术等。

全书按照项目方式组织教材内容，将技术和工作岗位对接，系统地介绍了在网络组建、管理与维护中需要掌握的局域网技术、交换网技术、三层交换网技术、路由互连技术、安全技术等专业技能，让读者积累有关网络组建、管网、维护及网络故障排除等方面的经验，强化专业技能提升。

本书既可作为大、中专院校计算机及相关专业的教材，也可作为锐捷网络公司"1+X"证书系列的配套教材。

图书在版编目（CIP）数据

路由交换技术 / 武春岭，叶坤，刘颖主编. —北京：电子工业出版社，2024.6
ISBN 978-7-121-47932-8

Ⅰ. ①路… Ⅱ. ①武… ②叶… ③刘… Ⅲ. ①计算机网络－路由选择－高等学校－教材②计算机网络－信息交换机－高等学校－教材 Ⅳ. ①TN915.05

中国国家版本馆 CIP 数据核字（2024）第 102062 号

责任编辑：左　雅
印　　刷：河北鑫兆源印刷有限公司
装　　订：河北鑫兆源印刷有限公司
出版发行：电子工业出版社
　　　　　北京市海淀区万寿路 173 信箱　邮编　100036
开　　本：787×1 092　1/16　印张：12.25　字数：313.6 千字
版　　次：2024 年 6 月第 1 版
印　　次：2024 年 6 月第 1 次印刷
定　　价：45.00 元

凡所购买电子工业出版社图书有缺损问题，请向购买书店调换。若书店售缺，请与本社发行部联系，联系及邮购电话：（010）88254888，88258888。

质量投诉请发邮件至 zlts@phei.com.cn，盗版侵权举报请发邮件至 dbqq@phei.com.cn。

本书咨询联系方式：（010）88254580，zuoya@phei.com.cn。

序

新一轮科技革命与信息技术革命的到来，推动了产业结构调整与经济转型升级发展新业态的出现。战略性新兴产业快速爆发式发展的同时，对新时代产业人才的培养提出了新的要求，并发起了新的挑战。社会对信息技术应用型人才的要求是不仅要懂技术，还要懂项目。然而，传统理论教学方式缺乏对学生关于技术应用场景认知的培养，学生对于技术的运用存在短板，在进入企业之后无法承接业务，因此仅掌握理论知识无法满足企业的真实需求。在信息技术产业高速发展的过程中，出现了极为明显的人才短缺与发展不均衡的问题。

高等教育教材、职业教育教材以习近平新时代中国特色社会主义思想为指导，以产业需求为导向，以服务新兴产业人才建设为目标，教育过程更加注重实践性环节，更加重视人才链适应产业链，助力打造具有新时代特色的"新技术技能"。

全国高等院校计算机基础教育研究会与电子工业出版社合作开发的"计算机类专业核心课程系列教材"，以立德树人为根本任务，邀请行业与企业技术专家、高校学术专家共同组成编写组，依照教育部最新公布的2022年专业教学标准，引入行业与企业培训课程与标准，形成了与信息技术产业发展与企业用人需求相匹配的课程设置结构，构建了线上线下融合式智能化教学整体解决方案，较好地解决时时学与处处学，以及实践性教学薄弱的问题，让系列教材更有生命力。

尺寸课本、国之大者。教材是人才培养的重要支撑、引领创新发展的重要基础，必须紧密对接国家发展重大战略需求，不断更新升级，更好地服务于高水平科技自立自强、拔尖创新人才培养。为贯彻落实党的二十大精神和党的教育方针，确保党的二十大精神和习近平新时代中国特色社会主义思想进教材、进课堂、进头脑，积极融入思政元素，培养学生民族自信、科技自信、文化自信，建立紧跟新技术迭代和国家战略发展的高等教育、职业教育教材新体系，不断提升内涵和质量，推进中国特色高质量职业教育教材体系建设，确保教材发挥铸魂育人实效。

全国高等院校计算机基础教育研究会
2023 年 3 月

前　言

随着全球信息化浪潮的到来，建立以网络为核心的工作、学习及生活方式，成为社会发展的趋势。建立以互联网为中心的全新生活方式，需要构建互连互通的网络。局域网的业务覆盖到金融、企业、教育、政府、医疗、酒店及运营商等领域，涉及交换、路由、安全、无线网、网络出口设计及广域网接入等几大类交换和路由组网技术。

☑ 本书目标

本书详细介绍了在局域网构建过程中所涉及的交换、路由、安全，以及广域网、网络接入等专业技术，帮助读者了解网络基础协议知识，掌握网络设备的配置调试方法，了解网络故障的排除思路，帮助读者进行网络建设技术的积累，以便在实际工作中恰当地运用这些技术，解决实际网络建设中遇到的各种问题。

书中的每个任务都以生活中的真实网络任务开始，然后讲解技术，规划网络，组建网络，调试设备，排除网络故障，以便读者把技术和实际工作对接。在每章末尾提供了"认证测试"试题，帮助读者巩固所学内容，并对学习情况进行测试，以便通过对应的"1+X"认证考试。

☑ 本书结构

本书由 7 章组成，对局域网中使用的路由和交换技术进行了全面介绍，内容包括：

章节	建议课时	备注
第 1 章：局域网组网知识储备	8～12 学时	一般了解
第 2 章：交换网络组建技术	10～16 学时	教学重点
第 3 章：配置路由实现交换网互连	12～12 学时	教学重点
第 4 章：配置三层交换实现交换网互连	12～12 学时	教学难点
第 5 章：配置动态路由实现交换网互连	10～16 学时	教学难点
第 6 章：交换网接入广域网技术	10～16 学时	一般了解
第 7 章：交换网络安全技术	10～12 学时	一般了解

备注：建议总课时为 72～96 学时，不同区域根据教学周情况进行调整。

☑ 课程环境

为了更好地实施课程中提供的项目内容，还需要为本课程提供课程实施的环境，再现这些网络工程项目，包括二层交换机、三层交换机、模块化路由器、无线控制器、无线接入 AP，以及若干台测试计算机和双绞线（或制作工具）等，也可以使用 Packet Tracer、GN3、华为模拟器、锐捷模拟器（官网下载）来完成实训。虽然书中选择的工程项目来自厂商工程，但全部的知识诠释和技术选择都遵循行业内的通用技术标准。

☑ 职业资格认证

为了提高就业竞争能力，学生在学习结束后，可以参加基于厂商的职业资格认证。本课程对应的厂商的职业资格认证有网络管理员、网络工程师厂商认证。本课程对应的相关组网专业也有"1+X"职业资格认证。本书在每章末尾提供了一定数量的测试题供读者使用，读者也可以到互联网上查找相应的测试试题。

☑ 开发团队

本书的开发团队主要包括重庆电子工程职业学院武春岭教授国家级教学团队的叶坤、龙兴旺、魏文鹏和锐捷网络企业工程师团队的汪双顶，以及全国几所职业院校骨干成员。他们都把各自多年来在网络专业领域中积累的教学和技术应用工作经验，诠释成书，凝聚成本书精华。

以武春岭教授为代表的院校团队，积极发挥其在院校的课程规划及教学一线实施的优势，筛选来自企业的技术和项目，按照课程实施的难易程度，进行循序渐进的规划，以适应课程在院校落地实施；以汪双顶高级工程师为代表的企业工程师团队，积极发挥企业拥有的项目资源优势，筛选来自厂商的项目和最新技术，对接课程中的技术场景，把行业最新技术引入课程，保证课程和市场的同步。本书核心内容编写分工：第 1 章由武春岭负责编写，第 2 章由秦皇岛职业技术学院刘颖教授编写，第 3、4 章由叶坤编写，第 5、6 章由龙兴旺编写，第 7 章由魏文鹏编写。汪双顶工程师提供全面的指导和技术支持工作，山东商务职业学院王晓卉、武汉职业技术学院杨旭东副校长等参与了部分章节指导和实践环节撰写。

本书全面落实党的二十大精神进教材、进课堂、进头脑，把立德树人作为基本要求，教材中融入素质目标，以贯彻"激发全民族文化创新创造活力，增强实现中华民族伟大复兴的精神力量"等党的二十大精神。此外，本书规划、编辑的过程历经近两年的时间，前后经过多轮的修订，内容改革力度较大，远远超过策划者原先的估计，疏漏之处在所难免，敬请广大读者指正（wuch50@126.com）。若读者在使用本书时有任何困难，都可以通过此邮件地址联系和咨询作者。

编　者

使用说明

为方便今后在工作中应用，全书采用业界标准的技术和图形绘制方案，书中使用的相关符号和网络拓扑图形，都使用标准的风格。

书中使用的命令语法规范约定如下：

● "|" 竖线表示分隔符，用于分开可选择的选项。

● "*" 星号表示可以同时选择多个选项。

● "!" 感叹号表示对该行命令进行解释和说明。

书中使用的图标绘制图例如下：

| 接入交换机 | 汇聚交换机 | 核心交换机 |

| 路由器 | 服务器 | 计算机 |

目　录

第1章　局域网组网知识储备 ……………………………………………………………………1

　　【项目背景】 ……………………………………………………………………………………1

　　【学习目标】 ……………………………………………………………………………………1

　　【素质拓展】 ……………………………………………………………………………………2

　　【项目实施】 ……………………………………………………………………………………2

　1.1 任务1　组建办公网 …………………………………………………………………………2

　　【任务描述】 ……………………………………………………………………………………2

　　【技术指导】 ……………………………………………………………………………………2

　　　1.1.1　计算机网络概述 ………………………………………………………………………2

　　　1.1.2　了解计算机网络分类 …………………………………………………………………4

　　　1.1.3　了解计算机网络系统组成 ……………………………………………………………4

　　　1.1.4　了解计算机网络拓扑结构 ……………………………………………………………5

　　　【任务实施】组建办公网 ……………………………………………………………………7

　1.2 任务2　规划部门 IP 地址 …………………………………………………………………9

　　【任务描述】 ……………………………………………………………………………………9

　　【技术指导】 …………………………………………………………………………………10

　　　1.2.1　了解 IPv4 协议 ………………………………………………………………………10

　　　1.2.2　了解 IPv6 地址 ………………………………………………………………………12

　　　1.2.3　掌握 IPv4 地址规划 …………………………………………………………………13

　　　【任务实施】规划部门子网 IP ……………………………………………………………14

　　　【认证测试】 …………………………………………………………………………………15

第2章　交换网络组建技术 …………………………………………………………………………18

　　【项目背景】 …………………………………………………………………………………18

　　【学习目标】 …………………………………………………………………………………18

　　【素质拓展】 …………………………………………………………………………………19

　　【项目实施】 …………………………………………………………………………………19

　2.1 任务1　配置交换机 …………………………………………………………………………19

　　【任务描述】 …………………………………………………………………………………19

　　【技术指导】 …………………………………………………………………………………20

　　　2.1.1　认识交换机 …………………………………………………………………………20

　　　2.1.2　管理交换机 MAC 地址表 …………………………………………………………21

    2.1.3   交换机访问方式··22

    2.1.4   通过带外管理方式管理交换机···22

    【任务实施】配置交换机···25

2.2 任务 2   配置虚拟局域网···27

    【任务描述】···27

    【技术指导】···28

    2.2.1   什么是虚拟局域网···28

    2.2.2   基于接口划分虚拟局域网···30

    2.2.3   虚拟局域网干道技术···31

    【任务实施】配置虚拟局域网··32

2.3 任务 3   配置生成树···35

    【任务描述】···35

    【技术指导】···36

    2.3.1   生成树产生的背景···36

    2.3.2   了解生成树协议···37

    2.3.3   生成树技术原理···39

    2.3.4   了解快速生成树···42

    2.3.5   配置生成树···43

    【任务实施】配置快速生成树··44

2.4 任务 4   配置链路聚合···45

    【任务描述】···45

    【技术指导】···46

    2.4.1   了解链路聚合技术···46

    2.4.2   配置链路聚合技术···47

    【任务实施】配置链路聚合··48

    【认证测试】···49

第 3 章   配置路由实现交换网互连···51

    【项目背景】···51

    【学习目标】···52

    【素质拓展】···52

    【项目实施】···52

3.1 任务 1   配置路由器···52

    【任务描述】···52

    【技术指导】···53

    3.1.1   认识路由器···53

    3.1.2   配置路由器···54

    【任务实施】配置路由器···56

3.2 任务 2   配置直连路由···57

    【任务描述】···57

    【技术指导】···57

3.2.1　认识路由表 ··57

3.2.2　了解直连路由 ··58

【任务实施】配置直连路由 ··59

3.3 任务 3　配置静态路由 ···61

【任务描述】··61

【技术指导】··61

3.3.1　掌握静态路由 ··61

3.3.2　认识默认路由 ··62

【任务实施】配置静态路由 ··64

【认证测试】··66

第 4 章　配置三层交换实现交换网互连 ··69

【项目描述】··69

【学习目标】··69

【素质拓展】··70

【项目实践】··70

4.1 任务 1　配置三层交换机 ···70

【任务描述】··70

【技术指导】··70

4.1.1　了解三层交换技术 ··70

4.1.2　认识三层交换机 ··71

4.1.3　了解三层交换机路由 ··72

4.1.4　了解 SVI 技术 ··72

4.1.5　了解单臂路由技术 ··74

【任务实施】配置交换机 SVI ··75

【任务实施】配置单臂路由 ··78

4.2 任务 2　配置三层交换机路由 ···82

【任务描述】··82

【技术指导】··82

4.2.1　认识三层交换机直连路由 ··82

4.2.2　掌握三层交换机静态路由 ··83

【任务实施】配置三层交换机直连路由 ··································83

【任务实施】配置三层交换机静态路由 ··································88

4.3 任务 3　配置三层交换机 DHCP 服务 ···90

【任务描述】··90

【技术指导】··90

4.3.1　了解 DHCP 技术 ··90

4.3.2　DHCP 工作原理 ··92

4.3.3　配置 DHCP ··93

【任务实施】配置三层交换机 DHCP 服务 ·······························94

【认证测试】··95

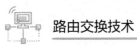

第 5 章　配置动态路由实现交换网互连 ·· 97
　　【项目描述】 ·· 97
　　【学习目标】 ·· 98
　　【素质拓展】 ·· 98
　　【项目实施】 ·· 98
　　5.1 任务 1　使用 RIP 路由实现网络互连 ·· 98
　　　　【任务描述】 ·· 98
　　　　【技术指导】 ·· 99
　　　　　　5.1.1　了解动态路由 ·· 99
　　　　　　5.1.2　了解 RIP 路由协议 ·· 100
　　　　　　5.1.3　掌握 RIP 路由原理 ·· 101
　　　　　　5.1.4　配置 RIP 路由 ·· 101
　　　　【任务实施】配置路由器 RIP 路由 ·· 102
　　　　【任务实施】配置三层交换机 RIP 路由 ·· 104
　　5.2 任务 2　使用 OSPF 路由实现网络互连 ·· 106
　　　　【任务描述】 ·· 106
　　　　【技术指导】 ·· 106
　　　　　　5.2.1　什么是链路状态路由 ·· 106
　　　　　　5.2.2　了解 OSPF 路由技术 ·· 107
　　　　　　5.2.3　掌握 OSPF 路由工作原理 ·· 107
　　　　　　5.2.4　配置 OSPF 路由 ·· 109
　　　　　　5.2.5　掌握 OSPF 区域技术 ·· 110
　　　　【任务实施】配置单区域 OSPF 路由 ·· 113
　　　　【任务实施】配置多区域 OSPF 路由 ·· 116
　　5.3 任务 3　配置路由重发布 ·· 121
　　　　【任务描述】 ·· 121
　　　　【技术指导】 ·· 121
　　　　　　5.3.1　了解路由重发布 ·· 121
　　　　　　5.3.2　在 RIP 路由中配置路由重发布 ·· 122
　　　　　　5.3.3　在 OSPF 路由中配置路由重发布 ·· 122
　　　　【任务实施】配置 RIP 路由重发布 ·· 123
　　　　【任务实施】配置 OSPF 路由重发布 ·· 127
　　　　【认证测试】 ·· 131
第 6 章　交换网接入广域网技术 ·· 133
　　【项目描述】 ·· 133
　　【学习目标】 ·· 133
　　【素质拓展】 ·· 134
　　【项目实践】 ·· 134
　　6.1 任务 1　配置路由器广域网链路 ·· 134
　　　　【任务描述】 ·· 134

【技术指导】 ··· 134

　　6.1.1　了解广域网 ··· 134

　　6.1.2　了解广域网分层模型 ··· 137

　　6.1.3　了解 WAN 第二层封装 ··· 138

　　6.1.4　配置路由器 PPP ··· 138

【任务实施】配置 PPP 链路 ·· 140

6.2　任务 2　配置广域网链路安全认证 ·· 141

【任务描述】 ··· 141

【技术指导】 ··· 142

　　6.2.1　了解 PPP 安全认证 ··· 142

　　6.2.2　配置 PAP 安全认证 ··· 143

　　6.2.3　配置 CHAP 安全认证 ··· 143

【任务实施】配置 PAP 安全认证 ··· 144

【任务实施】配置 CHAP 安全认证 ··· 145

6.3　任务 3　配置路由器 NAT ··· 146

【任务描述】 ··· 146

【技术指导】 ··· 146

　　6.3.1　了解路由器 NAT 技术 ·· 146

　　6.3.2　了解路由器 NAT 技术原理 ·· 147

　　6.3.3　配置路由器 NAT 技术 ·· 148

　　6.3.4　了解路由器 NAPT 技术 ·· 149

【任务实施】配置 NAT 地址转换 ··· 150

【认证测试】 ··· 153

第 7 章　交换网络安全技术 ··· 155

【项目描述】 ··· 155

【项目目标】 ··· 156

【素质拓展】 ··· 156

【项目实践】 ··· 156

7.1　任务 1　配置交换机登录安全 ·· 156

【任务描述】 ··· 156

【技术指导】 ··· 157

　　7.1.1　交换网络安全概述 ·· 157

　　7.1.2　交换网络中控制台安全 ··· 158

【任务实施】配置网络设备登录密码 ··· 159

7.2　任务 2　配置交换机端口安全 ·· 160

【任务描述】 ··· 160

【技术指导】 ··· 160

　　7.2.1　交换机端口安全 ··· 160

　　7.2.2　交换机保护端口安全 ··· 163

　　7.2.3　交换机镜像端口 ··· 164

【任务实施】配置交换机端口安全 ·· 165

【任务实施】配置交换机保护端口安全 ·· 166

【任务实施】配置交换机镜像端口安全 ·· 166

7.3 任务 3　配置访问控制列表安全 ·· 167

【任务描述】 ·· 167

【技术指导】 ·· 167

7.3.1　访问控制列表技术 ··· 167

7.3.2　标准访问控制列表 ··· 169

7.3.3　扩展访问控制列表 ··· 172

7.3.4　时间访问控制列表 ··· 174

【任务实施】配置编号标准 ACL ·· 176

【任务实施】配置编号扩展 ACL ·· 177

【任务实施】配置时间 ACL ·· 178

【任务实施】配置名称 ACL ·· 179

【认证测试】 ·· 180

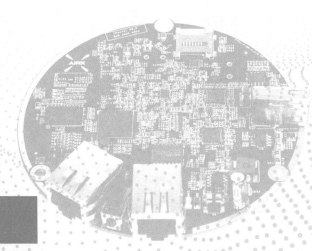

第1章
局域网组网知识储备

▓【项目背景】

局域网是生活中最常见的组网应用，出现在家庭、小型办公网、企业办公网及校园网等多种场景中，通过使用无线路由器、集线器或者交换机等网络互连设备，就可以实现局域网内多台设备之间的互连。局域网的应用遍布生活中的每个角落，网络的类型因各种环境不同而不同，但最基本的组网拓扑结构是相同的。如小型办公网组网拓扑如图 1-1 所示。

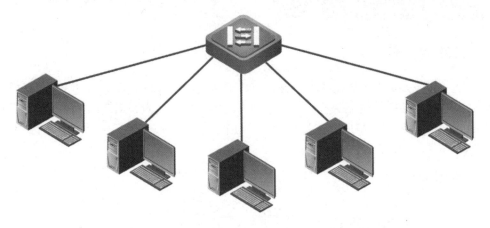

图 1-1　小型办公网组网拓扑

▓【学习目标】

本章通过 2 个任务的学习，帮助学生了解局域网组网的基础知识，掌握 IP 地址知识，实现以下目标。

1. 知识目标

（1）了解网络分类知识、网络系统组成知识。
（2）了解 IP 地址知识、网络 IP 地址规划知识。

2. 技能目标

（1）掌握 IP 地址的配置，能组建办公网。
（2）掌握部门子网 IP 的规划。

3. 素养目标

（1）学会整理知识笔记，按照标准格式制作实训报告。
（2）能保持工作环境干净，实现物料放置整洁，遵守 6S 现场管理标准。
（3）学会和同伴友好沟通，建立友好的团队合作关系。

【素质拓展】

不积跬步，无以至千里；不积小流，无以成江海。——《荀子·劝学》

基础兴、百业兴。完善的网络基础设施是国民经济各项事业发展的基础，是引领高质量发展的先决条件和有力支撑。为了实现"网络强国"和"数字中国"的目标，第 1 章从网络基础入手，学习办公网络的组建及部门 IP 地址的规划。只有掌握了扎实的基础知识，才能成为社会主义的接班人和建设者。

【项目实施】

1.1 任务 1　组建办公网

【任务描述】

某电子商务公司为了优化线上服务，组建了一支近百人的电商服务团队，为公司销售的种类繁多的产品提供线上服务。在办公地点确定后，需要为新成立的部门搭建办公网。使用网络互连设备，把客户服务部的计算机连接到公司办公网中，共享办公网各种信息资源。

【技术指导】

1.1.1　计算机网络概述

1. 什么是计算机网络

计算机网络是利用通信设备和传输线路，将分布在地理位置不同的，具有独立功能的多个计算机系统连接起来，通过网络通信协议、网络操作系统实现资源共享及信息传递的系统。

网络建设的目标是提高网络的覆盖范围和服务质量，实现网络资源共享。对用户来说，利用网络提供一种透明传输，用户在访问网络共享资源时，可以不考虑这些资源的物理位置，以网络服务形式，提供网络功能和透明性服务，如图 1-2 所示。

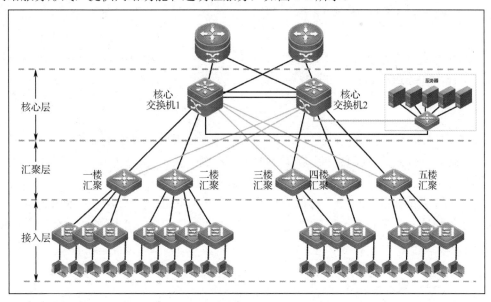

图 1-2　计算机网络场景

网络最主要的功能表现在两个方面：一是实现资源共享（包括硬件资源和软件资源共享）；二是在用户之间交换信息，为用户提供强有力的通信手段和尽可能完善的服务，从而方便用户获取信息。

2．网络功能

网络是计算机技术与通信技术紧密结合、相互促进、共同发展的结果。网络在当今的信息社会中扮演了非常重要的角色，一般都具备以下几方面的功能。

（1）数据通信。

现代社会信息量激增，信息交换日益增多，利用计算机网络来传递信息效率更高，速度更快。通过网络不仅可以传输文字信息，还可以携带声音、图像和视频，实现多媒体通信。计算机网络消除了传统社会中地理上的距离限制。

（2）资源共享。

互相连接在一起的计算机可以共享网络中的所有资源，从而提高资源利用率。网络中可以实现共享的资源很多，包括硬件、软件和数据。有许多昂贵的资源，如大型数据库、巨型计算机等，并非为每个用户所拥有，实行共享会使系统整体性价比得到改善。

（3）分布式计算，集中式管理。

通过网络技术使不同地理位置的计算机实现分布式计算成为可能。对于大型的项目，可以分解为许许多多的小课题，由不同的计算机共同承担完成，提高工作效率，增加经济效益。网络技术实现日常工作的集中管理，使得现代的办公手段、经营管理发生了本质的改变。

（4）负荷均衡。

网络把工作任务均匀地分配给网络上各计算机系统，以达到均衡负荷的目的。网络控制中心负责分配和检测网络负载，当某台计算机负荷过重时，系统会自动转移数据流量到负荷较轻的计算机系统进行处理，从而扩展计算机系统的功能，扩大应用范围，提高可靠性等。

1.1.2 了解计算机网络分类

按网络所覆盖的地理范围，计算机网络可分为局域网、城域网、广域网。三者之间的差异主要体现在覆盖范围和传输速度方面。

1. 局域网

局域网（Local Area Network，LAN）：局域网地理范围一般为几百米到十千米，覆盖范围较小，属于小范围连网实现资源共享，如一座建筑物内、一所学校内、一个工厂内等。局域网的组建简单、灵活，其传输速度通常在 10Mbps～100Gbps 之间。

局域网主要用来构建一个单位的内部网络，如学校的校园网、企业的企业网等。局域网通常属单位所有，单位拥有自主管理权，以共享网络资源为主要目的。局域网的特点是：传输速度快、组网灵活、成本低。

2. 城域网

城域网（Metropolitan Area Network，MAN）是在一个城市范围内所建立的计算机通信网，属宽带局域网。城域网覆盖范围通常为一座城市，从几千米到几十千米，传输速度从64kbps 到几 Gbps。城域网是对局域网的延伸，用于局域网之间的连接。

城域网主要指城市范围内的政府部门、大型企业、机关、公司、ISP、电信部门、有线电视台和市政府构建的专用网络和公用网络，可以实现大量用户的多媒体信息的传输，包括语音、动画和视频图像，以及电子邮件及超文本网页等。

3. 广域网

广域网（Wide Area Network，WAN）：广域网地理范围一般在几千千米，属于大范围连网，如几个城市、一个或几个国家，甚至全球。广域网是网络系统中的大型网络，能实现大范围的资源共享，如国际性的 Internet 网络。

广域网主要指使用公用通信网所组成的计算机网络，如因特网（Internet）。广域网的特点是：地理范围没有限制；由于长距离的数据传输，容易出现错误；可以连接多种局域网；成本高。

1.1.3 了解计算机网络系统组成

一个完整的计算机网络系统基本组成如图 1-3 所示，其中涉及内容如下所示。

（1）网络工作站。网络工作站是计算机网络的用户终端设备，通常是微型计算机，主要完成数据传输、信息浏览和桌面数据处理等功能。

（2）网络服务器。网络服务器是被工作站访问的计算机系统，是网络的核心设备，通常是一台高性能计算机，它包括各种网络信息资源，并负责管理资源和协调网络用户对资源的访问。

（3）传输设备。网络中的传输设备包括传输介质和连接的网卡。其中，传输介质是连接发送端和接收端的传输通路，主要有电缆、光缆、微波等；网卡用于连接计算机与线缆，种类很多，主要与传输介质、传输速度有关。

（4）网络外部设备。网络外部设备是网络用户共享的硬件设备之一，如高性能网络打印机、磁盘阵列、绘图仪等。

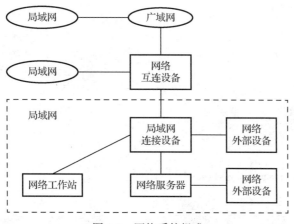

图 1-3　网络系统组成

（5）网络互连设备。网络互连设备是将网络工作站、网络服务器、网络外部设备等进行连接，实现计算机间相互通信的设备，常用的有交换机、集线器、路由器等。此外，不同局域网的互连，可用路由器实现；同一局域网的互连，可用交换机实现。

（6）网络软件。工作在网络中的软件主要包括两种：一是网络操作系统，主要用于对网络资源进行有效管理，常用的网络操作系统有 UNIX、Linux、Windows 等；二是网络中的应用软件，这是根据应用而开发的基于网络环境的应用系统，常用的应用软件有办公自动化（OA）、管理信息系统（MIS）、数据库管理系统、电子邮件等。

1.1.4　了解计算机网络拓扑结构

计算机网络的拓扑结构是网络的映像，它是线缆如何连接、节点和节点间如何相互作用的规划。计算机网络的拓扑可以用物理或逻辑的观点来描述，通常情况下，物理拓扑和逻辑拓扑是相关的，并不完全相同。其中，物理拓扑是指组成网络的各部分的几何分布，它不是网络图，只是用图形表述的网络形状和结构；而逻辑拓扑描述了成对的可通信的网络端点间的可能连接，它描述了哪些端点可以同其他端点通信，以及可通信的端点间是否有直接物理连接。

最常用的物理拓扑和逻辑拓扑有三种主要的形式：总线型、环形、星形。

1. 总线型拓扑结构

在总线型拓扑结构中，所有网络节点用有开放端的单线对等互连。这些开放端必须为电阻负载的终端（防止信号反馈产生干扰），电缆只支持单一信道，所有连接的设备监听总线传输，并接收与自己地址匹配的分组，如图 1-4 所示。

大部分总线网在主干线上双向传递信息，所有的设备都能直接接收信号，也有些总线

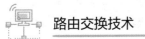

网是单向的，信号以一种方向传输，仅能到达下游设备。

2．环形拓扑结构

对于环形拓扑结构，网络上每个工作站组成一个物理回路，即环。数据绕环单向传输，每个工作站作为中继器工作，并接收和响应与其地址相匹配的分组，将其他分组发至下个"下游"站，如图 1-5 所示。

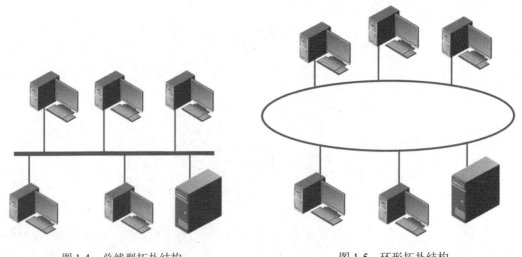

图 1-4　总线型拓扑结构　　　　　图 1-5　环形拓扑结构

在生活中，环形物理拓扑比较少见，它一般是作为逻辑拓扑来实现的，如令牌网，以逻辑环传递数据；又如 FDDI 光纤分布式数据接口网络，其物理和逻辑拓扑均为环形。

3．星形拓扑结构

在星形拓扑中，网络中的所有设备都连接到一个网络中继器，如集线器、交换机。中继器从其他网络设备接收信号，然后，确定路线发送信息到正确的目的地。每个网络设备都能独立访问介质，共享或使用各自的带宽进行通信。例如，快速以太网就是使用星形物理拓扑结构组成的。星形拓扑结构如图 1-6 所示。

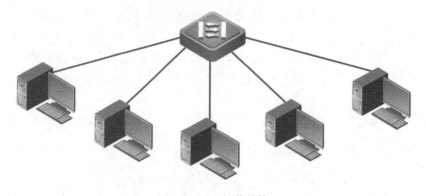

图 1-6　星形拓扑结构

【任务实施】组建办公网

【任务规划】

如图1-7所示拓扑是某电商公司为新成立的电商服务团队规划的网络拓扑，使用交换机设备把部门的办公计算机接入公司的办公网，共享办公网各种信息资源。

【实施过程】

步骤一：制作网线。

制作连接组网设备的双绞线，制作过程见相关资料，限于篇幅，此处省略。

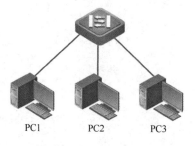

图1-7 办公网组网场景

步骤二：准备组网设备。

在工作台上，摆放好组建办公网的网络设备：计算机和集线器。注意集线器设备应摆放平稳，接口方向正对，以方便随时拔插线缆。

（注意：在实际环境的实训中，如果没有集线器设备，使用交换机也可完成任务。）

步骤三：安装连接设备。

在设备断电状态，把双绞线一端插入计算机网卡接口；另一端插入集线器接口。插入时注意按住双绞线上翘环片，能听到清脆的"吧嗒"声音，轻轻回抽不松动即可。

步骤四：加电。

给所有设备加电，集线器在加电过程中，所有接口红灯闪烁，设备自检接口。当连接设备的接口处于绿灯状态时，表示网络连接正常，网络处于稳定状态。

步骤五：配置网络。

办公网安装成功后，对网络的连通状态进行测试。需要对办公网中每台计算机进行 IP 地址配置，以使网络具有可管理性。配置 IP 地址的过程如下。

（1）打开测试计算机，在桌面上选择"网络"图标，单击鼠标右键，在弹出的快捷菜单中选择"属性"命令，如图1-8所示。

图1-8 打开桌面上"网络"连接的"属性"

（2）在打开的如图1-9所示的网络连接配置窗口，选择"更改适配器设置"选项，或单击"本地连接"按钮。

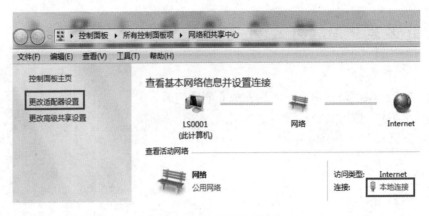

图 1-9　配置本地连接属性

（3）在打开的如图 1-10 所示"本地连接 状态"配置对话框中，单击"属性"按钮，开启 IP 属性配置对话框。选择"Internet 协议（TCP/IP）"选项，再单击"属性"按钮，设置 TCP/IP 协议属性，为计算机配置 IP 地址，如图 1-11 所示。

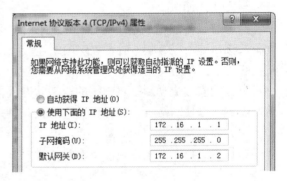

图 1-10　"本地连接 状态"配置对话框　　　　图 1-11　配置计算机 IP 地址

其中，新成立的电商服务团队部分办公设备 IP 地址规划表，如表 1-1 所示。

表 1-1　部分办公设备 IP 地址规划表

设　　备	网　络　地　址	子网络掩码
PC1	172.16.1.2	255.255.255.0
PC2	172.16.1.3	255.255.255.0
PC3	172.16.1.4	255.255.255.0

步骤六：办公网测试。

网络安装和 IP 地址配置完成后，可用计算机操作系统中的"Ping"命令，检查组建的办公网络的连通情况。

打开计算机桌面上【开始】菜单，在"运行"对话框中输入"cmd"命令，单击"确定"按钮转到计算机的 DOS 命令操作状态，如图 1-12 所示。

图 1-12　"运行"对话框

在命令操作状态中运行"Ping IP"命令测试网络连通，命令中的 IP 为实际的 IP 地址，测试结果如图 1-13 所示。

```
C:\Documents and Settings\new>ping 172.16.1.1

Pinging 172.16.1.1 with 32 bytes of data:

Reply from 172.16.1.1: bytes=32 time=7ms TTL=255
Reply from 172.16.1.1: bytes=32 time<1ms TTL=255
Reply from 172.16.1.1: bytes=32 time<1ms TTL=255
Reply from 172.16.1.1: bytes=32 time<1ms TTL=255

Ping statistics for 172.16.1.1:
    Packets: Sent = 4, Received = 4, Lost = 0 (0% loss),
Approximate round trip times in milli-seconds:
    Minimum = 0ms, Maximum = 7ms, Average = 1ms

C:\Documents and Settings\new>
```

图 1-13　测试网络连通

如果测试结果出现网络未通故障，则需检查网卡、网线和 IP 地址，寻找问题出在哪里。

> 注意：在测试过程中，关掉防火墙，防火墙提供的安全性能会屏蔽测试命令。
>
> 在"本地连接属性"对话框中，切换到"高级"选项卡，单击"设置"按钮，选择"关闭"选项，单击"确定"按钮，完成设置。

1.2 任务 2　规划部门 IP 地址

【任务描述】

某电商公司为新成立的电商服务团队组建办公网络。按照服务区域不同，内部共分了 5 个部门，假设为 A 至 E 部门。其中，A 部门有 10 台主机，B 部门 20 台，C 部门 30 台，D 部门 15 台，E 部门 20 台。公司的网络中心为电商服务团队分配了网段为 192.168.2.0/24，作为网络管理员，为每个部门规划 IP 子网。

【技术指导】

1.2.1 了解 IPv4 协议

1. 什么是 IP 协议

Internet 上使用的一个关键的底层协议是网际协议，通常称为 IP（Internet Protocol）协议。利用一个共同遵守的通信协议，从而使 Internet 成为一个允许连接不同类型的计算机和不同操作系统的网络。要使两台计算机彼此之间进行通信，必须使两台计算机使用同一种"语言"。通信协议就像两台计算机交换信息所使用的共同语言，它规定了通信双方在通信中所应共同遵守的约定。

IP 协议精确地定义了 IP 数据报的格式，并且对数据报的寻址和路由、数据报分片和重组、差错控制和处理等做出了全面的规定。

2. IP 地址

网络中使用的 IP 地址是整个 TCP/IP 网络中唯一标识计算机的逻辑地址。在 Internet 上连接的所有计算机，为了实现各主机间的通信，每台主机都必须有一个唯一的网络地址。就好像每个住宅都有唯一的门牌号一样，才不至于在传输资料时出现混乱。

Internet 的网络地址是指连入 Internet 网络的计算机的地址编号，所以，在 Internet 网络中，网络地址唯一地标识一台计算机。Internet 是由几千万台计算机互相连接而成的。而要确认网络上的每台计算机，靠的就是能唯一标识该计算机的网络地址，这个地址就叫作 IP（Internet Protocol）地址，即用 Internet 协议语言表示的地址。

3. IPv4 地址的分类

现在互联网应用 IPv4 地址作为 IP 地址分配方案，在这个方案中，IP 地址由 32 位二进制码组成，表现为用圆点隔开 4 个十进制数字，如 202.101.55.98，这个数字就代表了一台计算机在互联网上的唯一标识。IPv4 地址点分十进制表示可以用图来说明，如图 1-14 所示。

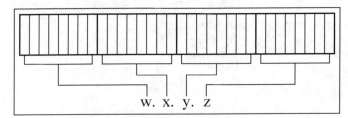

图 1-14　IPv4 地址的点分十进制表示

IP 地址可确认网络中的任何一个网络和计算机，而要识别其他网络或其中的计算机，则是根据这些 IP 地址的分类来确定的。一般将 IP 地址按节点计算机所在网络规模的大小分为 A、B、C 三类，默认的网络子网掩码是根据 IP 地址中的第一个字段来确定的。

（1）A 类地址。

A 类地址的表示范围为 1.0.0.1～126.255.255.255，默认网络子网掩码为 255.0.0.0；A 类

地址分配给规模特别大的网络使用。A 类网络用第一组数字表示网络本身的地址，后面三组数字作为连接于网络上的主机的地址，分配给具有大量主机而局域网络个数较少的大型网络。

一个 A 类 IP 地址由 1 个字节（每个字节是 8 位）的网络地址和 3 个字节的主机地址组成，网络地址的最高位必须是"0"，即第一段数字范围为 1～127。每个 A 类地址理论上可连接 16777214 台主机（去掉一个网络号和一个广播号），Internet 上有 126 个可用的 A 类地址。

（2）B 类地址。

B 类地址的表示范围为 128.0.0.1～191.255.255.255，默认网络子网掩码为 255.255.0.0；B 类地址分配给一般的中型网络。B 类网络用第一、二组数字表示网络的地址，后面两组数字代表网络上的主机地址。其中，地址 169.254.0.0 到 169.254.255.255 是保留地址。如果计算机是自动获取 IP 地址的，而在网络上又没有找到可用的 DHCP 服务器，这时就会从 169.254.0.0 到 169.254.255.255 中临时获得一个 IP 地址。

一个 B 类 IP 地址由 2 个字节的网络地址和 2 个字节的主机地址组成，网络地址的最高位必须是"10"，即第一段数字范围为 128～191。每个 B 类地址可连接 65534 台主机，Internet 有 16383 个 B 类地址（B 类地址 128.0.0.0 是不指派的，而可以指派的最小地址为 128.1.0.0）。

（3）C 类地址。

C 类地址的表示范围为 192.0.0.1～223.255.255.255，默认网络子网掩码为 255.255.255.0；C 类地址分配给小型网络，如一般的局域网，它可连接的主机数量是最少的，采用把所属的用户分为若干的网段的方法进行管理。C 类网络用前三组数字表示网络的地址，最后一组数字作为网络上的主机地址。

一个 C 类地址是由 3 个字节的网络地址和 1 个字节的主机地址组成的，网络地址的最高位必须是"110"，即第一段数字范围为 192～223。每个 C 类地址可连接 254 台主机，Internet 有 2097152 个 C 类地址段，有 532676608 个地址。

（4）D 类地址。

D 类地址以"1110"开始，代表的 8 位位组为 224～239。这些地址并不用于标准的 IP 地址。相反，D 类地址指一组主机，作为多点传送小组的成员而注册。多点传送小组和电子邮件分配列表类似，与使用分配列表名单来将一个消息发布给一些人一样，通过多点传送地址将数据发送给一些主机。

（5）E 类地址。

如果第 1 个 8 位位组的前 4 位都设置为"1111"，则地址是一个 E 类地址，这些地址的范围为 240～254。E 类地址并不用于传统的 IP 地址，仅仅供实验或研究使用。

4．子网掩码（Subnet Mask）

互联网是由许多小型网络构成的，每个网络上都有许多主机，这样便构成了一个有层次的结构。IP 地址在设计时就考虑到地址分配的层次特点，将每个 IP 地址都分割成网络号和主机号两部分，以便于 IP 地址的寻址操作。

IP 地址的网络号和主机号各是多少位呢？如果不指定，就不知道哪些位是网络号，哪些位是主机号，这就需要通过子网掩码来实现。

子网掩码（Subnet Mask）又叫网络掩码、地址掩码、子网络遮罩，它是一种用来指明

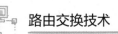

一个 IP 地址中的哪些位标识的是主机所在的子网，以及哪些位标识的是主机的位掩码。子网掩码不能单独存在，它必须结合 IP 地址一起使用。子网掩码只有一个作用，就是将某个 IP 地址划分成网络地址和主机地址两部分。

设定任何网络上的任何设备，不管是主机、个人计算机、路由器等皆需要设定 IP 地址，跟随着 IP 地址的是子网掩码，子网掩码的目的是由 IP 地址中获得所在网络地址，如下所示：

IP 地址：　　　　192.10.10.6　　　11000000.00001010.00001010.**00000110**

子网掩码：　　　255.255.255.0　　11111111.11111111.11111111.**00000000**

AND

　　　　　　　　192.10.10.0　　　11000000.00001010.00001010.**00000000**

5．私网地址

互联网组织委员会预留出了三块 IP 地址空间（1 个 A 类地址段，16 个 B 类地址段，256 个 C 类地址段），作为私有的内部使用的地址。在这个范围内的 IP 地址不能被网络设备路由到 Internet 骨干网上，安装在 Internet 中的路由器设备，将丢弃该私有地址。

A 类：10.0.0.0 到 10.255.255.255。

B 类：172.16.0.0 到 172.31.255.255。

C 类：192.168.0.0 到 192.168.255.255。

使用私有地址将网络连至 Internet，需要将私有地址转换为公有地址。这个转换过程称为网络地址转换（Network Address Translation，NAT），通常使用路由器来执行 NAT。

6．网关地址

若要使两个完全不同的网络（异构网）连接在一起，一般使用网关。在 Internet 中两个网络也要通过一台被称为网关的计算机来实现互连。这台计算机能根据用户通信目标计算机的 IP 地址，决定是否将用户发出的信息送出本地网络，同时，它还将外界发送给属于本地网络计算机的信息接收过来，它是一个网络与另一个网络相连的通道。为了使 TCP/IP 协议能够寻址，该通道被赋予一个 IP 地址，这个 IP 地址称为网关地址。

7．特殊的 IP 地址

几类特殊的 IP 地址如下：

（1）广播地址：目的端为给定网络上的所有主机，一般主机段为全 1。

（2）单播地址：目的端为指定网络上的单个主机地址。

（3）组播地址：目的端为同一组内的所有主机地址。

（4）回环地址：127.0.0.1，在回环测试和广播测试时会使用。

1.2.2　了解 IPv6 地址

IPv4 地址是 IP 协议的第四版，也是第一个被广泛使用的，构成现今互联网技术的基石的协议。1981 年 Jon Postel 在 RFC791 中定义了 IP 协议，IPv4 可以运行在各种各样的底层网络上。

传统的 TCP/IP 协议基于 IPv4，属于第二代互联网技术，其核心技术属于美国。它的最大问题是网络地址资源有限，从理论上讲，编址有 1600 万个网络、40 亿台主机。

1983 年 TCP/IP 协议被 ARPAnet 采用，直至发展到后来的互联网，那时只有几百台计算机联网，到 1989 年联网计算机数量突破 10 万台，并且同年出现了 1.5Mbps 的骨干网。因为 IANA 把大片的地址空间分配给了一些公司和研究机构，20 世纪 90 年代初就有人担心 10 年内 IP 地址空间就会不够用，并由此导致了 IPv6 的开发。

IPv6 是 Internet Protocol Version 6 的缩写，是由 IETF（Internet Engineering Task Force，互联网工程任务组）设计的用于替代现行版本 IP 协议（IPv4）的下一代 IP 协议。

与 IPv4 相比，IPv6 具有以下几个优势。

（1）IPv6 具有更大的地址空间。

IPv4 中规定 IP 地址长度为 32 位，即有 $2^{32}-1$（符号^表示升幂，下同）个地址；而 IPv6 中 IP 地址的长度为 128 位，即有 $2^{128}-1$ 个地址。

（2）IPv6 使用更小的路由表。

IPv6 的地址分配一开始就遵循聚类（Aggregation）的原则，这使得路由器能在路由表中用一条记录（Entry）表示一片子网，大大减小了路由器中路由表的长度，提高了路由器转发数据包的速度。

（3）IPv6 增加了增强的组播（Multicast）。

IPv6 增加了对流的支持（Flow Control），这使得网络上的多媒体应用有了长足发展的机会，为服务质量（Quality of Service，QoS）控制提供了良好的网络平台。

（4）IPv6 加入了对自动配置（Auto Configuration）的支持。

这是对 DHCP 协议的改进和扩展，使得网络（尤其是局域网）的管理更加方便和快捷。

（5）IPv6 具有更高的安全性。

在使用 IPv6 的网络中，用户可以对网络层的数据进行加密并对 IP 报文进行校验，极大地增强了网络的安全性。

1.2.3 掌握 IPv4 地址规划

IP 地址规划直接影响到网络运行的质量，要坚持唯一性、连续性、扩展性、实意性的原则，内部网中的每台设备都是以 IP 地址标识网络位置的。因此，在组建内部网之前，要为网上的所有设备包括服务器、客户机、打印服务器等分配一个唯一的 IP 地址。

考虑到今后的扩展、维护等问题，内部网的 IP 地址不仅应符合流行的国际标准，还应有规律、易记忆，能反映自己内部网的特点。不同单位的内部网有各自不同的特点，IP 地址的规划也需要考虑不同的因素。

1. 确定内部网 IP 地址的类型

在选择内部网的 IP 地址类型时，应根据内部网中的子网数量及每个子网的规模进行选择。在此选用 C 类地址，前三段标识不同的网络，第四段标识一个网络中的不同主机。

为使 IP 地址反映内部网的特点，给其中的每段都赋予了实际意义。第一段用来区分主干网和非主干网，主干网取 192，非主干网取 196；第二段区分不同地理位置的子网，行政楼取 1，教学楼取 2，实验楼取 3，宿舍楼取 4；第三段区分不同楼层，当内部网进行扩展，有新的子网加入时，其 IP 地址的规划非常容易实现。

内部网中所有设备的子网掩码均选用默认值 255.255.255.0，不再用掩码划分子网。

2. 规划交换机各接口 IP 地址

网络中的服务器、客户机都直接或间接地连接到交换机的各个接口，因此，规划交换机各接口的 IP 地址，是规划整个内部网 IP 地址的关键。

在每个子网中，交换机各接口起到网关的作用，为了让网关 IP 地址有规律，交换机接口 IP 地址的主机标识都取"1"。

3. 规划交换机管理 IP 地址

各交换机的管理 IP 地址均设为所在网络段的 254。例如，行政楼 3 楼的接入层交换机管理 IP 地址为 196.1.3.254；行政楼的汇聚交换机的管理 IP 地址为 196.1.0.254；教学楼的汇聚交换机的管理 IP 地址为 196.2.0.254；实验楼的汇聚交换机的管理 IP 地址为 196.3.0.254；宿舍楼的汇聚交换机的管理 IP 地址为 196.4.0.254。

4. 规划客户机 IP 地址

客户机与所接的交换机的接口处于同一网络，其 IP 地址的规划也只需对其主机标识进行规划即可。在具体规划时，应尽量考虑使主机标识体现内部网中客户机的某些特征，如所属的行政单位或所在具体物理位置等。取后一种方式，主机标识直接引用其所在的房间号，因为大多数客户机与房间号具有一一对应关系。

例如，甲地某台客户机位于 3 楼的 30 号房间，其 IP 地址设为 196.1.3.30。选用这种方式时，有两点需要注意：一是当房间号大于 255 时，主机标识不能直接引用，应再考虑其他对应关系；二是客户机的 IP 地址不具有连续性，因为有些房间可能无客户机，而另一些房间可能有不止一台客户机，为方便今后新的客户机 IP 地址的分配，应做好现有客户机 IP 地址的整理记录工作。

【任务实施】规划部门子网 IP

【任务规划】

划分 IP 子网，有利于搞好系统维护，合理配置系统资源，减少资源浪费。公司的网络中心为电商服务团队分配了网段 192.168.2.0/24，作为网络管理员，为每个部门规划 IP 子网，确定内部网 IP 地址的类型，规划各部门的 IP 地址。

【实施过程】

针对目前 5 个部门 A 至 E，其中 A 部门有 10 台主机，B 部门 20 台，C 部门 30 台，D 部门 15 台，E 部门 20 台，然后上级分配了一个总的网段 192.168.2.0/24，作为网络管理员，要为每个部门划分单独的网段，该怎样做呢？

实际上，这就是一个很典型的 IP 子网划分的问题。其中，192.168.2.0/24 是一个 C 类网段，24 表示子网掩码中 1 的个数是 24 个，这是 255.255.255.0 的另外一种表示方法，每个 255 表示一个二进制的 8 个 1，最后一个 0 表示二进制的 8 个 0。

第 1 步：规划子网掩码。

要划分子网，必须制定每个子网的掩码规划，要确定每个子网能容纳的最多的主机数，即 0 的个数，显然，应该以这几个部门中拥有主机数量最多的为准，在本例中，C 部门有 30 台主机，那么在操作中可以套用这样一个经典公式：

$$2^N-2 = 主机数$$

其中，N 代表掩码中 0 的个数。例如，5 个 0 则意味着二进制掩码为 11100000，即十进制的 224，加上前面 24 个 1，1 的总数为 27 个，该掩码十进制表示为 255.255.255.224/27。确定掩码规则以后，就要确认每个子网的具体地址段。

第 2 步：确定 A 部门的网络 ID。

网络 ID 即本部门所在的网段，是由 IP 地址与掩码作"与运算"的结果。"与运算"是一种逻辑算法，其规则是：1 与 1 为 1；0 与 0、0 与 1、1 与 0 的结果均为 0。

经过计算得到了 A 部门的网络 ID 为 192.168.2.32/27，依次类推，根据主机数最多为 30 台的原则，B 部门为 192.168.2.64/27，C 部门为 192.168.2.96/27 等。

第 3 步：确定 A 部门的地址范围。

如果 A 部门的网络 ID 从 32 开始并且主机数为 30，那么似乎 B 部门的 ID 应该从 62 开始才对，为什么 B 部门的 ID 为 64 呢？

因为根据局域网规范，网络中必须有两个保留地址，一个叫网络回环地址，代表网络本身，其地址全为 0；另一个叫广播地址，专用于主机进行数据广播，其地址全为 1，这两个地址是不得被主机占用或分配的。

在本例中，当 A 部门的网络地址全为 0 时（只是后面 5 位），二进制表示为 00100000，其十进制值为 32；当网络地址全为 1 时，二进制表示为 00111111，其十进制值为 63。由此可见，192.168.2.32 仅仅是 A 部门的网络地址（即网络 ID），而 192.168.2.63 为 A 部门网络的广播地址。前面公式中之所以要减一个 2，就是减去不能被分配和占用的这两个地址。所以 A 部门实际上可分配给每台主机的地址范围为 192.168.2.33～192.168.2.62，子网掩码均为 255.255.255.224。

而 B 部门的网络 ID 从 64 起算，192.168.2.64 是 B 部门的网络地址，192.168.2.95 是 B 部门网络的广播地址，B 部门可分配给主机的地址范围为 192.168.2.65～192.168.2.94。

同理，可计算出 C 部门、D 部门、E 部门的地址范围。

【认证测试】

下列每道试题都有多个答案选项，请选择一个最佳的答案。

1. 下面哪一个是回环地址？（　　）
   A．1.1.1.1　　　　　B．255.255.255.0　　　　C．0.0.0.0　　　　D．127.0.0.1

2. 目前以太局域网使用的协议主要是（　　）。
   A．IEEE 802.11　　B．IEEE 802.3　　　　C．IEEE 802.4　　　D．IEEE 802.5

3. 255.255.255.224 可能代表的是（　　）。
   A．一个 B 类网络号　　　　　　　　B．一个 C 类网络中的广播
   C．一个具有子网的网络掩码　　　　D．以上都不是

4. 传输层可以通过（　　）标识不同的应用。
   A．物理地址　　　B．端口号　　　　　C．IP 地址　　　　D．逻辑地址

5. 第二代计算机网络的主要特点是（　　　）。

    A. 计算机—计算机网络   B. 以单机为中心的联机系统

    C. 国际网络体系结构标准化   D. 各计算机制造厂商网络结构标准化

6. 下列地址（　　）是合法的电子邮件地址。

    A. www.263.net.cn   B. lisac@163.net

    C. 192.0.0.1   D. http://www.sohu.com/

7. 在 OSI 参考模型中，网卡实现互连的层次为（　　　）。

    A. 物理层   B. 数据链路层   C. 网络层   D. 高层

8. 计算机网络互连的含义是（　　　）。

    A. 多台计算机通过物理线路直接相连

    B. 一台主机带多个终端

    C. 多个计算机子网通过传输介质相互连接，实现通信和资源共享

    D. 多台计算机对称连接

9. 局域网的典型特性是（　　　）。

    A. 高数据速率，大范围，高误码率

    B. 高数据速率，小范围，低误码率

    C. 低数据速率，小范围，低误码率

    D. 低数据速率，小范围，高误码率

10. 物理层协议定义的一系列标准有四个方面的特性，不属于这些特性的是（　　　）。

    A. 接口特性   B. 电气特性   C. 功能特性   D. 机械特性

11. 有以下 C 类地址：202.97.89.0，如果采用/27 位子网掩码，则该网络可以划分多少个子网？每个子网内可以有多少台主机？（　　　）

    A. 4，32   B. 5，30   C. 8，32   D. 8，30

12. 191.108.192.1 属于哪类 IP 地址（　　　）？

    A. A 类   B. B 类   C. C 类   D. D 类

13. 请说出在数据封装过程中，自顶向下的协议数据单元（PDU）名字为（　　　）。

    A. 数据流、数据段、数据帧、数据包、比特

    B. 数据流、数据段、数据包、数据帧、比特

    C. 数据帧、数据流、数据段、数据包、比特

    D. 比特、数据帧、数据包、数据段、数据流

14. OSI 七层参考模型中哪一层负责建立端到端的连接？（　　　）

    A. 应用层   B. 会话层   C. 传输层   D. 网络层

    E. 数据链路层

15. 一个 TCP/IP 的 B 类地址默认子网掩码是（　　　）。

    A. 255.255.0.0   B. /8   C. 255.255.255.0   D. /24

16. FTP 使用的端口号为（　　　）。

    A. 21   B. 22   C. 23   D. 110

17. IP 地址 202.195.76.0/25 有（　　　）个地址空间。

    A. 64   B. 128   C. 256   D. 32

18. 以下哪些地址是用在互联网上的公网地址？（　　　）

    A．172.16.20.5　　B．10.103.202.1　　　　C．202.103.101.1　　　　D．192.168.1.1

19. 屏蔽双绞线（STP）的最大传输距离是（　　　）。

    A．100 米　　　　B．185 米　　　　　　C．500 米　　　　　　　D．2000 米

20. 局域网的标准化工作主要由（　　　）制定。

    A．OSI　　　　　B．CCITT　　　　　　C．IEEE　　　　　　　　D．EIA

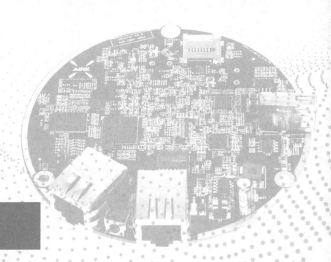

第2章
交换网络组建技术

【项目背景】

北京某小学打算以教育信息化为突破口，推进数字化教育在基础教育中发挥重要作用，建设以校园网络为核心、多媒体教室为基础，实施班班通的数字化校园网建设方案。一期建设完成该小学校园网拓扑如图 2-1 所示，全校园网采用三层架构部署，使用高性能的交换机连接，保障网络的稳定性，实现校园网的高速传输。

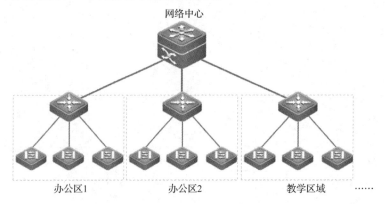

图 2-1　某小学校园网拓扑

【学习目标】

本章通过 4 个任务的学习，帮助学生了解交换网络组建技术，熟悉交换网络优化技术，实现以下目标。

1．知识目标

（1）了解虚拟局域网组网知识；掌握 VLAN 干道知识。

（2）了解生成树知识；了解链路聚合知识。

2．技能目标

（1）掌握虚拟局域网的配置。

（2）掌握快速生成树的配置。

（3）掌握链路聚合的配置。

3．素养目标

（1）学会整理知识笔记，按照标准格式制作实训报告。

（2）能保持工作环境干净，实现物料放置整洁，遵守 6S 现场管理标准。

（3）学会和同伴友好沟通，建立友好的团队合作关系。

（4）在实训现场具有良好的安全意识，懂得安全操作知识，严格按照安全标准流程操作。

【素质拓展】

凡事预则立，不预则废。——《礼记·中庸》

做任何事都要养成规划的习惯，有计划、有步骤地去实施才能达到最终的目标。在网络规划中，交换机可以通过虚拟局域网技术、生成树技术、链路聚合技术等，有效地预防广播风暴，增强网络安全性，提高网络传输效率。

在学习和生活中，应做好在校的学习规划、毕业后的职业规划、生活中的成长规划。应该坚持以人为本，做到统筹兼顾，达到全面协调可持续，促进自身全面发展、科学发展、和谐发展。要着力提高自身各方面能力，丰富多方面知识，把有限的精力投身于无限的学习生活中，去面对成长过程中的各种问题。

【项目实施】

2.1 任务 1　配置交换机

【任务描述】

北京某小学校园网中使用多台互连的交换机设备，组建了互连互通的办公网、教学网。为了优化该校园网络，通过配置连接各个部门网络中的交换机设备，对交换机进行初始配置，优化部门网络传输，提升部门网络传输速度。同时，实施远程管理，避免每次只有到机房才能修改交换机配置，在办公室或出差时也可以对机房的交换机进行远程管理。

【技术指导】

2.1.1 认识交换机

交换（Switching）是按照通信两端传输信息的需要，用人工或设备自动完成的方法，把要传输的信息送到符合要求的相应路由上的技术统称。广义的交换机（Switch）就是一种在通信系统中完成信息交换功能的设备。

普通交换机也叫二层交换机，或称为 LAN 交换机，替代集线器优化网络传输效率。像网桥一样，交换机也连接 LAN 分段，利用一张 MAC 地址表来分流帧，从而减少通信量，但交换机的处理速度比网桥更快。

1. 认识交换机

与网桥相似，二层交换机也是数据链路层设备，能把多个物理上的 LAN 分段，互连成更大的网络。交换机也基于 MAC 地址对通信帧进行转发。由于交换机通过硬件芯片转发，所以其交换速度要比网桥软件执行交换速度更快。

如图 2-2 所示是锐捷公司生产的 RG-S2628G-I 交换机，它具有 24 个百兆位端口、4 个千兆位端口和 1 个扩展端口插槽，以及 Console 口（控制台端口）。此外，还有一系列的 LED 指示灯。

图 2-2　锐捷 RG-S2628G-I 增强型安全智能交换机

交换机前面板的以太端口编号由两个部分组成：插槽号和端口在插槽上的编号。默认前面板固化端口插槽编号为 0，端口编号为 3，则该端口书写标识为 FastEthernet0/3。

交换机配置端口 Console 口是一个特殊端口，是控制交换机设备的端口，能实现设备初始化或远程控制。连接 Console 口需要专用配置线，连接至计算机 COM 口（串口）上，利用终端仿真程序（如 Windows 系统的"超级终端"），进行本地配置。

交换机不配置电源开关，电源接通就启动。当交换机加电后，前面板 Power 指示灯点亮成绿色。前面板上多排指示灯是端口连接状态灯，代表所有端口的工作状态。

2. 了解交换机的基本功能

交换机具有智能化的特点，通过配置和管理交换机操作系统，可以优化网络传输环境。

以太网交换机工作在 OSI 模型第二层，它们将网络分割成多个冲突域，第二层交换有三个主要功能：地址学习、转发/过滤数据包、消除回路。

交换机提供的主要功能可简述如下：

（1）以太网交换机从与其端口学习到相连设备的 MAC 地址后，将这一设备的 MAC 地址与交换机端口号映射关系保存在交换机的 MAC 地址表中。

（2）当以太网交换机接收一个数据帧时，它查询交换机 MAC 地址表，找到目标主机连接交换机的端口号，决定将这个数据帧转发到数据帧中目标 MAC 地址对应端口。如果经查询，交换机 MAC 地址表中没有匹配的 MAC 地址，则交换机将以广播形式将这个数据帧发送给所有端口。

（3）当交换网络包括一个冗余回路时，由于交换机本身特性，会因为回路产生广播风暴降低网络性能，但可以通过配置生成树协议，改变这一现象，并形成备份路径。

2.1.2 管理交换机 MAC 地址表

交换机的 MAC 地址表包含了用于端口间报文转发的地址信息，有动态、静态、过滤三种类型的地址。

1. 动态地址

动态地址是交换机通过接收到的报文自动学习到的 MAC 地址。当一个端口接收到一个包时，交换机将这个包的源地址和这个端口关联起来，并记录到地址表中，交换机通过这种方式不断学习新的地址。

当交换机收到一个包时，若该包的目的 MAC 地址是交换机已学习到的动态地址，则将这个包直接转发到与这个 MAC 地址相关联的端口上，否则，将向所有端口转发这个包。交换机通过学习新的地址和老化掉不再使用的地址来不断更新其动态地址表。对于地址表中的一个地址，如果较长时间（由地址老化时间决定）交换机都没有收到以这个地址为源地址的包，则这个地址将被老化掉。可以根据实际情况改变动态地址的老化时间。

需要注意的是，如果地址老化时间设置得太短，则会造成地址表中的地址过早被老化而重新成为交换机未知的地址，而交换机再接收到以这些地址为目的地址的包时，会向其他端口发广播，这样就造成了一些不必要的广播流。如果老化时间设置得太长，则地址老化太慢，地址表容易被占满。当地址表占满后，新的地址将不能被学习到，在地址表有空间来学习这个地址之前，这个地址就会一直被当作未知的地址，若收到以这些地址为目的地址的包时，则同样会向其他端口发广播，这样也会造成了一些不必要的广播流。

当交换机复位后，交换机学习到的所有动态地址都将丢失，需要重新学习这些地址。

2. 静态地址

静态地址是手工添加的 MAC 地址。静态地址和动态地址功能相同，不过相对动态地址而言，静态地址只能手工进行配置和删除（不能学习和老化）。静态地址将被保存到配置文件中，即使交换机复位，静态地址也不会丢失。

3. 过滤地址

过滤地址是手工添加的 MAC 地址。当交换机接收到以过滤地址为源地址的包时将会直接丢弃。过滤地址永远不会被老化，只能手工进行配置和删除。过滤地址将被保存到配置文件中，即使交换机复位，过滤地址也不会丢失。

如果希望交换机能屏蔽掉一些非法的用户，可以将这些用户的 MAC 地址设置为过滤地址，这样这些非法用户将无法通过交换机与外界通信。

2.1.3 交换机访问方式

交换机可以不经过任何配置，和集线器一样，加电后直接在局域网内使用。不过这样会浪费可管理型交换机提供的智能网络管理功能，局域网内传输效率的优化、各种安全性能的提高、网络稳定性、可靠性等也都不能实现。因此，需要对交换机进行一定的配置和管理。

交换机管理方式可以分为两种：带外管理和带内管理。带外管理主要通过控制线连接交换机和 PC，因为不会占用网络带宽，所以叫作带外管理；带内管理有多种方式，如 Telnet（远程登录）管理、Web 页面管理、基于 SNMP 协议的管理等，这些管理方式都会占用网络带宽，所以叫作带内管理。

通过带内管理方式管理交换机是用控制线连接交换机上的 Console 口和 PC 的 COM 口。交换机上的 Console 口通常有两种，一种为 RJ45 接口，另一种为 9 针串口，所以配置线通常也有两类，一类是 DB9-DB9 线缆，另一类是 DB9-RJ45 线缆，也可以在双绞线线缆的一端接上 RJ45-DB9 转换器，此双绞线的线序为全反线序。

因此，对交换机的配置管理，可以通过以下四种方式进行。
● 通过 Console 口对交换机进行管理。
● 通过 Telnet 对交换机进行远程管理。
● 通过 Web 对交换机进行远程管理。
● 通过 SNMP 管理工作站对交换机进行远程管理。

2.1.4 通过带外管理方式管理交换机

第一次配置交换机，只能使用 Console 口这种方式配置管理。这种配置方式使用专用的配置线缆，连接交换机的 Console 口，不占用网络带宽。使用其他三种方式配置交换机时，均要通过普通网线，连接交换机的接口，通过 IP 地址来实现。配置交换机的硬件连接环境如图 2-3 所示。

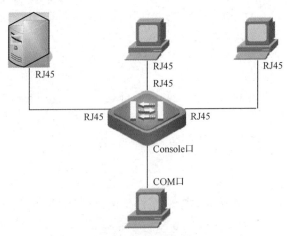

图 2-3　配置交换机的硬件连接环境

不同交换机的 Console 口位置不同，但该端口都有 Console 标识，如图 2-4 所示。利用 Console 线缆，将交换机 Console 口与主机 COM 口连接，如图 2-5 所示。

图 2-4 交换机上的 Console 口　　　　　图 2-5 交换机配置线缆

启动交换机，配置计算机上终端软件程序，如 Windows 系统自带的超级终端程序。

选择"开始"→"程序"→"附件"→"超级终端"命令，按提示配置超级终端程序。其中，在"端口设置"界面，各项参数如下：每秒位数（波特率）为"9600"，数据位为"8"，奇偶校验为"无"，停止位为"1"，数据流控制为"无"，如图 2-6 所示。

图 2-6 配置超级终端的端口参数

目前，大部分计算机都取消了串行总线接口（COM 口），操作时可使用专门购置的 USB 转接 COM 口线缆配置，如图 2-7 所示。

图 2-7 Console 口访问网络设备

打开计算机，右击桌面上的"此电脑"图标，选择快捷菜单中的"管理"命令，在打开的窗口中选择"设备管理器"选项，查看 Console 口所在的 COM 口。当 USB 转接口正常工作后，会出现对应的 COM 口标识，如图 2-8 所示。

图 2-8 在计算机管理器中确定 COM 口标识

现在配置网络设备时，通常使用从网上下载的 SecureCRT 终端仿真程序。打开 SecureCRT 软件，新建一个会话向导，如图 2-9 所示，SecureCRT 协议选择"Serial"。

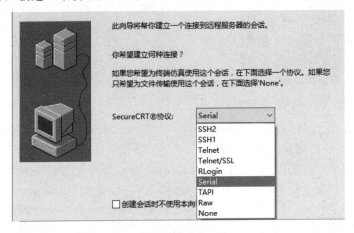

图 2-9　配置 SecureCRT 协议类型

如图 2-10 所示，端口选择"COM6"，波特率为"9600"。需要注意：配置串口信息时，不要勾选"RTS/CTS"选项。

图 2-10　配置 SecureCRT 串口信息

设置好通信参数后，单击"下一步"按钮，即可进入设备命令行界面，如图 2-11 所示。

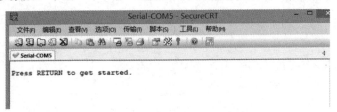

图 2-11　设备命令行界面

交换机配置界面分成若干模式，用户所处模式不同，可以使用的命令格式也不同。根据配置管理功能不同，交换机可分为以下三种工作模式。

- 用户模式。
- 特权模式。
- 全局配置模式（包含 VLAN 配置模式、接口配置模式、线程配置模式等）。

当用户和设备建立一个会话连接时，首先处于"用户模式"。在用户模式下，只可以使用少量命令，命令的功能也受到限制。

要使用更多配置命令，必须进入"特权模式"。在特权模式下，用户可使用更多命令。由此进入"全局配置模式"，使用配置模式（全局配置模式、接口配置模式等）命令。如用户保存配置信息，这些命令将被保存下来，并在系统重启时对当前运行配置产生影响。

如表 2-1 所示列出了各种命令模式、每种命令模式的提示符，以及如何访问每种模式的示例。

表 2-1　交换机各种命令管理模式

用 户 模 式		提 示 符	示　　例
特权模式		Switch#	Switch>enable
配置模式	全局配置模式	Switch(config)#	Switch#configure terminal
	VLAN 配置模式	Switch(config-vlan)#	Switch(config)#vlan 100
	接口配置模式	Switch(config-if-FastEthernet 0/0)#	Switch(config)#interface fa0/0
	线程配置模式	Switch(config-line)#	Switch(config)#line console 0

在使用命令行管理交换机时有许多使用技巧。

（1）使用"？"获得帮助。当你只记得某个命令的一部分时，可以在记得部分后输入"？"（无空格），可以查看以此字母开头的所有可能命令；当不了解在某模式下有哪些命令时，可以输入"？"，即可查看此模式下所有命令；当不清楚某单词后可输入的命令时，可在此单词后输入"？"（中间有空格）。

（2）命令简写。为了方便起见，交换机支持命令简写，例如 configure terminal 可以简写为 conf 或 conft，交换机也能够识别，但要注意的是，这种简写只能识别出唯一的命令，如 configure terminal 不可简写成 c，因为以 c 开头的命令并不只是 configure terminal。

（3）Tab 键补全。在交换机能够识别简写后，可以按下 Tab 键进行补全，例如在特权模式下输入 conf，然后按下 Tab 键，交换机可自动补全命令为 configure。该功能可以助于判断输入的指令是否有错误。

（4）使用历史命令。用键盘上的向上、向下方向键可以调出曾经输入的历史命令，并可以通过上下键上下选择。

【任务实施】配置交换机

【任务规划】

如图 2-12 所示网络场景为北京某小学校园网中安装的交换机设备，使用 Console 线缆将交换机 Console 口和计算机上 COM1 口连接。启动计算机超级终端程序，正确配置好参数，实现配置交换机的初始化连接，交换机成功引导之后，进入初始配置。使用 enable 命令进入特权模式后，再使用 configure terminal 命令进入全局配置模式，就可以开始配置了。

图 2-12　配置交换机连接

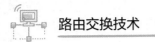

【实施过程】

该任务的详细配置步骤如下。

（1）按照拓扑图完成组网。

按照拓扑图完成网络场景组建。如果有相应接口变化，就修改接口名称，配置信息没有变化。

（2）配置交换机名称。

```
Switch>                              ! 用户模式
Switch>enable                        ! 进入特权模式
Switch# configure terminal           ! 进入全局配置模式
Switch(config)# hostname   SwitchA   ! 设置网络设备名称
SwitchA(config)#                     ! 名称已经修改
```

> 备注：交换机名称长度不能超过 255 个字符。在全局配置模式下使用 no hostname 命令，将设备名称恢复为默认值。

（3）配置系统时间。

```
SwitchA# clock set 05:54:43 1 30 2022    ! 设置系统时间和日期
SwitchA# show clock                      ! 查看修改的系统时间
……
```

（4）配置每日提示信息。

```
SwitchA(config)# banner motd   #          ! 开始分界符
Enter TEXT message.   End with the character '#'.
Notice: system will shutdown on July 6th.#   ! 结束分界符
Ruijie(config)#
```

在全局配置模式下，使用 no banner motd 命令可以删除配置每日提示信息。

（5）配置交换机接口速率。

快速以太网交换机接口速率默认为 100Mbps、全双工。在网络管理工作中，在交换机接口配置模式下，使用以下命令来设置交换机接口速率。

```
SwitchA# configure terminal
SwitchA(config)#interface   fastethernet 0/3       ! Fa0/3 的接口模式
Switch(config-if-FastEthernet 0/3)#speed   10      ! 配置接口速率为 10Mbps
! 配置接口速率参数有 100（100Mbps）、10（10Mbps）、auto（自适应），默认是 auto
SwitchA(config-if-FastEthernet 0/3)#duplex   half   ! 配置接口的双工模式为半双工
! 配置双式模式有 full（全双工）、half（半双工）、auto（自适应），默认是 auto
SwitchA(config-if-FastEthernet 0/3)#no shutdown     ! 开启该接口，转发数据
```

（6）配置交换机管理 IP 地址。

二层接口不能配置 IP 地址，可以给交换虚拟接口（Switch Virtual Interface，SVI）配置 IP 地址作为交换机的管理地址。默认交换虚拟接口 VLAN1 是交换机管理中心，二层交换机管理 IP 地址只能有一个生效。使用以下命令来配置交换机管理 IP 地址。

```
SwitchA> enable
Switch# configure terminal
```

```
SwitchA(config) # interface vlan 1          ! 打开 VLAN1 交换机管理中心
SwitchA(config-if-vlan 1)#ip address 192.168.1.1 255.255.255.0
                                            ! 给该台交换机配置一个管理地址
SwitchAconfig-if-vlan 1)#no shutdown
SwitchA(config-if-vlan 1)#end
```

（7）配置交换机通过 Telnet 方式管理设备。

```
SwitchA(config) #Interface    vlan 1        ! 打开 VLAN1 交换机管理中心
SwitchA(config-if-vlan 1)#Ip add 172.16.1.1    255.255.255.0
                                            ! 配置设备远程登录 IP 地址
SwitchA(config-if-vlan 1)#exit
SwitchA (config)#enable secret level 1 0    ruijie
                                            ! 配置进入远程登录密码
SwitchA (config)#enable secret level 15 0    ruijie
                                            ! 配置进入特权模式密码
SwitchA (config)#line vty 0 4               ! 启动线程
SwitchA (config-if)#password ruijie         ! 配置线程密码
SwitchA (config-if)#login                    ! 激活线程
SwitchA (config-if)#exit
```

（8）查看并保存配置。

在特权模式下，使用 show running-config 命令查看当前生效的配置。如果需要对配置进行保存，则使用 Write 命令保存配置。

```
SwitchA#show version                        ! 查看交换机的系统版本信息
……
SwitchA#show running-config                 ! 查看交换机的配置文件信息
……
SwitchA#show vlan 1                         ! 查看交换机的管理中心信息
……
SwitchA#show interfaces fa0/1               ! 查看交换机的 Fa0/1 接口信息
……
```

使用以下命令来保存交换机的配置文件信息。

```
SwitchA# write memory
或者：
SwitchA# write
或者：
SwitchA# copy running-config startup-config
```

2.2 任务 2　配置虚拟局域网

【任务描述】

北京某小学校园网中使用多台互连的交换机设备，组建了互连互通的办公网、教学网，学校各部门内部主机有一些业务往来可以相互访问，但某些部门之间为了安全要禁止互访。为了减少部门之间的网络干扰，增强部门网络安全性，需要实施部门网络之间安全隔离，并实现同一部门在跨交换机的同一虚拟局域网之间安全连通。

【技术指导】

2.2.1 什么是虚拟局域网

1. 什么是虚拟局域网

VLAN 是虚拟局域网（Virtual Local Area Network）的简称，它是在一个物理网络上划分出来的逻辑网络，按照功能、部门及应用等因素划分成工作组，或者说形成一个个虚拟网络，为这些虚拟网络上的设备或用户提供服务，而不需要考虑各自所处的物理位置。

VLAN 的划分不受网络接口的实际物理位置限制，VLAN 有着和普通物理网络同样的属性，除了没有物理位置的限制，它和普通局域网一样。

一个 VLAN 是一个广播域，第二层的单播、广播和多播帧在同一 VLAN 内转发、扩散，而不会直接进入其他 VLAN 之中。所以，如果一个接口所连接的主机想要同和它不在同一个 VLAN 的主机通信，则必须通过一个路由器或者三层交换机来实现。

如图 2-13 所示，如果不划分 VLAN，那么连接在交换机上的 12 个用户可以直接通信。

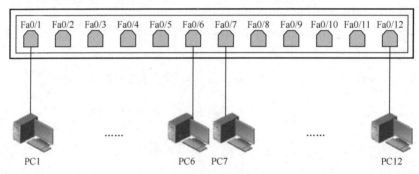

图 2-13　VLAN 示意图（1）

但如果将 PC1 到 PC6 前 6 台 PC 划分在一个 VLAN 中，如 VLAN 10，再将 PC7 到 PC12 后 6 台 PC 划分到另一个 VLAN 中，如 VLAN 20，如图 2-14 所示，那么，前 6 台 PC，如 PC1 和 PC6 之间可以通信；后 6 台 PC，如 PC7 和 PC12 之间也可以通信。但是，前 6 台 PC 和后 6 台 PC，如 PC6 和 PC7 之间无法通信。

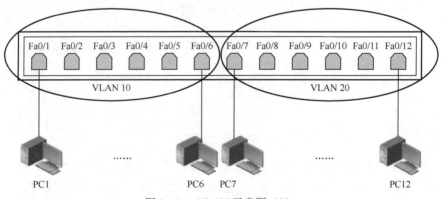

图 2-14　VLAN 示意图（2）

简单地说，VLAN 就是将一个物理交换机逻辑地划分成多个小交换机，同一个小交换机的用户可以直接通信，而不同逻辑交换机之间无法直接通信。

2．VLAN 的功能

在交换机组成的网络中，其优点是由于交换机速度快，可以提高数据的交换速度，但问题是：在由交换机组成的交换网络中，所有的主机都在一个广播域中。也就是说，一台主机向外发送的广播包，其他所有主机都能收到。在网络规模不大的时候此问题并不严重，但是，当网络规模较大时，网络中的大量广播包占用网络资源，严重影响网络性能，这个问题严重影响了交换网络的发展。

VLAN 技术很好地解决了交换网络中划分广播域的问题，运用 VLAN 技术可以对交换网络进行隔离。通过划分广播域，划分到同一个 VLAN 中的主机属于同一个广播域，这种划分出来的逻辑网络是第二层网络，并且，划分 VLAN 的接口不受地理位置的限制，也就是说，不同交换机上的接口，可以被划分到同一个 VLAN 中。

VLAN 建立在局域网中安装的交换机的基础上。同时，VLAN 技术的采用，又使得在保持局域网原来低延迟、高吞吐量特点的基础上，从根本上改善了网络性能。VLAN 充分体现了现代网络技术的重要特征，高速、灵活、管理简便和扩展容易，具有以下优点。

（1）控制网络的广播流量。

局域网的整个网络是一个广播域，即广播流量会送到交换机的每个接口。采用 VLAN 技术，可将某个交换机接口划到某个 VLAN 中，由于一个 VLAN 的广播不会扩散到其他 VLAN，因此接口不会接收其他 VLAN 的广播，这样，就大大减少了广播的影响，提高了带宽的利用效率。同时通过控制 VLAN 中接口的数量，可以控制广播域的大小。

默认情况下，交换机所有接口都在一个广播域中，也就是说，交换机所连接的一台 PC 发送广播帧，该交换机的其他所有接口都能收到该广播帧。但如果划分了 VLAN 之后，如图 2-15 所示，PC1 发送的广播帧到交换机的 Fa0/1 口后，从交换机所有和 Fa0/1 口在同一个 VLAN 中的，即 VLAN 10 中的接口，也就是 Fa0/1 到 Fa0/6 这 6 个口发出，而其他用户无法收到该广播帧。把一个广播域划分为多个广播域，这样减少了广播帧的洪泛，节省了资源。

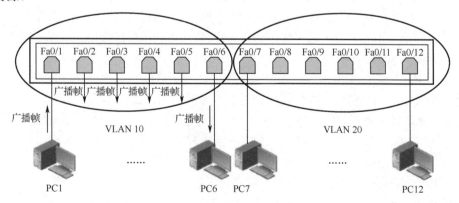

图 2-15 交换机中广播传播范围

如果 PC1 到 PC6 这 6 台 PC 属于公司财务部，而 PC7 到 PC12 这 6 台 PC 属于公司销售部。这样财务部内部可以相互通信，销售部内部也可以相互通信，但两个部门之间无法通信，这样可以保证上网用户的安全。

（2）简化网络管理，减少管理开销。

当 VLAN 中的用户位置变动时，不需要或只需少量地重新布线、配置和调试，网络管理员能借助于 VLAN 技术轻松管理整个网络，减少了在移动、添加和修改用户时的开销。

（3）控制流量和提高网络的安全性。

共享式局域网之所以很难保证网络的安全性，是因为只要用户插入一个活动接口，就能访问网络，甚至获得网络中所有数据流量。而 VLAN 技术能将重要资源或应用放在一个安全的 VLAN 内，限制用户的数量与访问。而且 VLAN 能控制广播组的大小和位置，甚至能锁定某台设备的 MAC 地址。

由于 VLAN 之间不能直接通信，通信流量被限制在 VLAN 内，VLAN 之间的通信必须通过三层设备（路由器或三层交换机）。通过在路由器上设置访问控制，可以对要访问有关 VLAN 的主机地址、应用类型、协议类型等进行控制，因此 VLAN 能提高网络的安全性。

VLAN 和物理网络一样，通常和一个 IP 子网联系在一起。一个典型的例子是，所有在同一个 IP 子网中的主机属于同一个 VLAN。例如，三层交换机可以通过 SVI 接口来进行 VLAN 之间的 IP 路由。

（4）提高网络的利用率。

通过 VLAN 划分，一方面可以较好地利用过去使用的大量集线器设备，以节省开支；另一方面，通过将不同应用放在不同的 VLAN 内的方法，可以在一个物理平台上运行多种相互之间要求相对独立的应用，而且各应用之间不会相互影响。

可以把一个接口定义为一个 VLAN 的成员，所有连接到这个特定接口的终端，都是虚拟网络的一部分，并且，整个网络可以支持多个 VLAN。当增加、删除和修改用户的时候，不必从物理上调整网络配置。

2.2.2 基于接口划分虚拟局域网

VLAN 的划分方法有很多，主要有以下几种。
- 基于接口的 VLAN：根据以太网交换机的接口来划分 VLAN。
- 基于 MAC 地址的 VLAN：根据每个主机网卡的 MAC 地址来划分 VLAN。
- 基于网络层的 VLAN：根据每个主机的网络层地址或协议类型（如果支持多协议）来划分 VLAN。
- 基于 IP 组播的 VLAN：一个组播组就是一个 VLAN。

在这些划分 VLAN 的方法中，最常用的是基于接口的 VLAN 划分方法。这种划分方法简单实用，就是把交换机的接口划分到对应的 VLAN 中。

无论哪些 PC，连到同一个 VLAN 对应的接口就可以通信，如果连到不同 VLAN 对应的接口则无法正常通信。默认情况下，交换机所有接口都属于 VLAN 1，这些接口都可以直接通信。因此，VLAN 1 也成为交换机上的管理 VLAN。

如图 2-16 所示，要将 Fa0/11、Fa0/13、Fa0/15、Fa0/17 划分到 VLAN 10，将 Fa0/19、Fa0/21～Fa0/24 划分到 VLAN 20，其余接口仍处于 VLAN 1。如果有 PC1 和 PC2 两台 PC 连在交换机上，那么将出现如下多种通信类型。

- PC1 和 PC2 分别连接在 Fa0/11 和 Fa0/13 口，两台 PC 可以通信。
- PC1 和 PC2 分别连接在 Fa0/21 和 Fa0/22 口，两台 PC 可以通信。
- PC1 和 PC2 分别连接在 Fa0/1 和 Fa0/16 口，两台 PC 可以通信。
- PC1 和 PC2 分别连接在 Fa0/11 和 Fa0/21 口，两台 PC 不能通信。

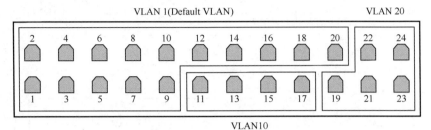

图 2-16　VLAN 的划分

2.2.3　虚拟局域网干道技术

基于接口划分 VLAN 有两种类型：Port VLAN 和 Tag VLAN。被设置为 Port VLAN 的接口只能属于一个 VLAN，一般用于连接主机，设为 Port VLAN 的接口叫 Access 接口。

在交换机的 MAC 地址表里，除交换机接口和接口下所接主机的 MAC 地址外，还有一栏信息是 VID，即 VLAN 编号，通过查看 MAC 地址表，交换机可以对发往不同 VLAN 的数据不转发。

例如，接口 Fa0/1 上的主机属于 VLAN 10，若向属于 VLAN 20 的 Fa0/2 口上的主机发送数据，交换机对于这种数据不转发。所以划分 VLAN 后可以在交换网络中隔离广播，使广播报文控制在同一个 VLAN 内转发，同时对于正常数据报文也是控制在同一个 VLAN 中。

可以通过配置一个接口，在某个 VLAN 中的 VLAN 成员类型，来确定这个接口能通过怎样的帧，以及这个接口可以通过多少个 VLAN。

（1）Access 接口。

一个 Access 接口只能属于一个 VLAN，并且是通过手工设置指定 VLAN 的。

（2）Trunk（802.1Q）接口。

一个 Trunk 接口在默认情况下是属于本交换机所有 VLAN 的，它能够转发所有 VLAN 的数据帧，但是可以通过设置许可 VLAN 列表（allowed-VLANs）来加以限制。

在一个交换机上，同一个 VLAN 内可以通信。如图 2-17 所示，若要令两台交换机上的相同 VLAN，如两台交换机上的 VLAN 10 可以通信，则需要将这两台交换机互连起来。一般建议使用干道技术，也就是使用交换机的 Trunk 接口进行互连。

交换机的 Trunk 接口不属于某一个 VLAN 专有，多个 VLAN 的数据可以在 Trunk 接口上同时传输。这和之前说的连接用户的接口不同。之前的连接用户接口，只能传输一个 VLAN 的数据，叫作 Access 接口。默认情况下，交换机的所有接口都属于 Access 接口。

由于交换机的 Trunk 接口可以同时传输多个 VLAN 的数据，为了传输时不出现错乱，在如图 2-17 所示场景中，例如，把 Switch1 内 VLAN 10 的数据传到 Switch2 的 VLAN 20 中时，数据在干道上传输时会被打上标签。

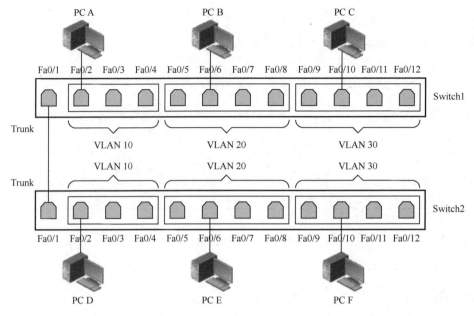

图 2-17　Trunk 互连示意图

常使用的标签协议是 DOT1Q 协议。如 PC A 发送数据给 PC D，该数据从 Switch1 的 Trunk 接口发出时，会在帧头打上 DOT1Q 的标签，表明该数据属于 VLAN 10。在 Switch2 的 Trunk 接口收到该数据帧后将该标签去除，并将数据发到 VLAN 10 中。

交换机的 Trunk 接口在发送数据时，有一个 VLAN 不需要打标签，该 VLAN 称为这个 Trunk 接口的 Native VLAN，也叫本帧 VLAN。默认情况下，交换机 Trunk 接口的本帧 VLAN 是 VLAN 1，但也可以修改。Trunk 接口允许所有交换机上已经创建的 VLAN 通过，还可以通过在交换机的 Trunk 接口上做 VLAN 修剪过滤不必要的 VLAN。

【任务实施】配置虚拟局域网

【任务规划】

如图 2-18 所示场景是北京某小学校园网中办公网络的场景，为了减少部门之间的网络干扰，增强部门网络安全性，需要实施部门网络之间的安全隔离，并实现同一部门在跨交换机的同一虚拟局域网之间的安全连通。

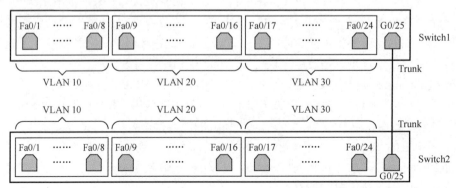

图 2-18　某小学校园网中办公网络的场景

【实施过程】

该任务的详细配置步骤如下。

（1）按照拓扑图完成组网。

按照拓扑图完成网络场景组建。如果有相应接口变化，则修改接口名称，配置信息没有变化。

（2）配置交换机上的虚拟局域网。

① 在交换机 Switch1 上的配置如下。

```
Switch>enable                          ! 进入特权模式
Switch# configure terminal             ! 进入全局配置模式
Switch(config)#hostname Switch1        ! 将交换机名字改为 Switch1
Switch1(config)# vlan 10               ! 创建 VLAN 10
Switch1(config-vlan)#exit              ! 进入全局配置模式
Switch1(config)# vlan 20               ! 创建 VLAN 20
Switch1(config-vlan)#exit              ! 进入全局配置模式
Switch1(config)# vlan 30               ! 创建 VLAN 30
Switch1(config-vlan)#exit              ! 进入全局配置模式
Switch1(config)#
```

② 在交换机 Switch2 上的配置如下。

```
Switch>enable                          ! 进入特权模式
Switch# configure terminal             ! 进入全局配置模式
Switch(config)#hostname Switch2        ! 将交换机名字改为 Switch2
Switch2(config)# vlan 10               ! 创建 VLAN 10
Switch2(config-vlan)#exit              ! 进入全局配置模式
Switch2(config)# vlan 20               ! 创建 VLAN 20
Switch2(config-vlan)#exit              ! 进入全局配置模式
Switch2(config)# vlan 30               ! 创建 VLAN 30
Switch2(config-vlan)#exit              ! 进入全局配置模式
Switch2(config)#
```

> 备注：为交换机创建 VLAN，默认交换机只有 VLAN 1。如果要删除 VLAN，如删除 VLAN 10，则需要输入"no vlan 10"命令。

（3）将接口划分到相应 VLAN。

① 在交换机 Switch1 上的配置如下。

```
Switch1(config)#
Switch1(config)#interface range fa0/1-8          ! 进入交换机 Fa0/1-Fa0/8 口
Switch1(config-if-range)#switchport access vlan 10  ! 将接口划分到 VLAN 10
Switch1(config-if-range)#exit                     ! 进入全局配置模式
Switch1(config)#interface range fa0/9-16          ! 进入交换机 Fa0/9-Fa0/16 口
Switch1(config-if-range)#switchport access vlan 20  ! 将接口划分到 VLAN 20
Switch1(config-if-range)#exit                     ! 进入全局配置模式
Switch1(config)#interface range fa0/17-24         ! 进入交换机 Fa0/17-Fa0/24 口
Switch1(config-if-range)#switchport access vlan 30  ! 将接口划分到 VLAN 30
Switch1(config-if-range)#exit                     ! 进入全局配置模式
Switch1(config)#
```

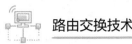

② 在交换机 Switch2 上的配置如下。

```
Switch2(config)#
Switch2(config)# interface range fa0/1-8                ! 进入交换机 Fa0/1-Fa0/8 口
Switch2(config-if-range)#switchport access vlan 10      ! 将接口划分到 VLAN 10
Switch2(config-if-range)#exit                           ! 进入全局配置模式
Switch2(config)#interface range fa0/9-16               ! 进入交换机 Fa0/9-Fa0/16 口
Switch2(config-if-range)#switchport access vlan 20      ! 将接口划分到 VLAN 20
Switch2(config-if-range)#exit                           ! 进入全局配置模式
Switch2(config)#interface range fa0/17-24              ! 进入交换机 Fa0/17-Fa0/24 口
Switch2(config-if-range)#switchport access vlan 30      ! 将接口划分到 VLAN 30
Switch2(config-if-range)#exit                           ! 进入全局配置模式
Switch2(config)#
```

备注：交换机默认所有接口都属于 VLAN 1。如果想指定接口为 Access 类型，那么可以在接口模式下使用 switchport mode access 命令将接口变为 Access 接口。

（4）配置交换机的干道技术。

① 在交换机 Switch1 上的配置如下。

```
Switch1(config)#
Switch1(config)#int Gi0/25                             ! 进入 Gi0/25 口
Switch1(config-if-GigabitEthernet 0/25)#switchport mode trunk
                                                       ! 将接口变为 Trunk 接口
Switch1(config-if-GigabitEthernet 0/25)#exit           ! 进入全局模式
Switch1(config)#
```

② 在交换机 Switch2 上的配置如下。

```
Switch2(config)#
Switch2(config)#int Gi0/25                             ! 进入 Gi0/25 口
Switch2(config-if-GigabitEthernet 0/25)#switchport mode trunk
                                                       ! 将接口变为 Trunk 接口
Switch2(config-if-GigabitEthernet 0/25)#exit           ! 进入全局模式
Switch2(config)#
```

备注：如果将交换机接口设置为 Trunk 接口，则默认允许所有已经创建的 VLAN 通过。

（5）配置 Trunk 接口 VLAN 修剪。

① 在交换机 Switch1 上的配置如下。

```
Switch1(config)#
Switch1(config)#int Gi0/25                             ! 进入 Gi0/25 口
Switch1(config-if-GigabitEthernet 0/25)#switchport trunk allowed vlan remove 1-9,11-19,21-29,31-4094
                                                       ! 修剪 Trunk 接口不必要的 VLAN
Switch1(config-if-GigabitEthernet 0/25)#exit           ! 进入全局模式
Switch1(config)#
```

② 在交换机 Switch2 上的配置如下。

```
Switch2(config)#
Switch2(config)#int Gi0/25                          ! 进入 Gi0/25 口
Switch2(config-if-GigabitEthernet 0/25)#switchport trunk allowed vlan remove 1-4094
                                                    ! 先将所有 VLAN 修剪掉
Switch2(config-if-GigabitEthernet 0/25)#switchport trunk allowed vlan add 10,20,30
                                                    ! 添加 VLAN 10、VLAN 20、VLAN 30
Switch2(config-if-GigabitEthernet 0/25)#exit        ! 进入全局模式
Switch2(config)#
```

备份：在 Trunk 接口下才需进行 VLAN 修剪。修剪时可以将多余的 VLAN 修剪掉，也可以先修剪所有 VLAN，再根据需要增加 VLAN。

（6）保存并查看交换机配置。

① 查看交换机 Switch1 上的配置信息如下。

```
Switch1(config)#
Switch1(config)#end                      ! 进入交换机特权模式
Switch1#write                            ! 保存配置
Switch1#show vlan                        ! 查看交换机 VLAN 信息
……
Switch1#show interface switchport        ! 查看交换机接口的 VLAN 信息
……
Switch1#show interface trunk             ! 查看交换机接口的干道信息
……
```

② 查看交换机 Switch2 上的配置信息如下。

```
Switch2(config)#
Switch2(config)#end                      ! 进入交换机特权模式
Switch2#write                            ! 保存配置
Switch2#show vlan                        ! 查看交换机 VLAN 信息
……
Switch2#show interface switchport        ! 查看交换机接口的 VLAN 信息
……
Switch2#show interface trunk             ! 查看交换机接口的干道信息
……
```

2.3 任务 3　配置生成树

【任务描述】

北京某小学校园网中使用多台互连的交换机设备，组建了互连互通的办公网、教学网。由于学校所有部门中的计算机分别连接到互连的交换机上，为了提高网络的可靠性，现要求在互连的交换机上做适当配置，使网络既有冗余网络的健壮性特征，又可以避免由于环路网络带来的风险。

【技术指导】

2.3.1 生成树产生的背景

在传统交换网络中，设备之间通过单条链路进行连接，当某一个节点或是某一个链路发生故障时可能导致网络无法访问。为了减少网络中的单点故障、增加网络可靠性，交换网络中会使用冗余拓扑。

但是，交换网络中的冗余链路会产生广播风暴、多帧复制、MAC 地址表不稳定等现象。广播风暴导致网络中充斥大量广播包，大量占用网络带宽，多帧复制导致网络中有大量的重复包，MAC 地址表不稳定导致交换机频繁刷新 MAC 地址表，严重影响网络的正常运行。

1. 广播风暴

在交换网络中，如果一台主机向网络中发送一个广播包，交换机会将这个广播包向除收到广播包的接口外的所有接口发送，当网络中存在环路时，交换机从一个接口向外发送的广播包，会从另一个接口收到。

此时，交换机并不知道此广播包是自己发出的广播包，仍然会向除收到广播包的接口外所有其他接口发送，这样网络中的广播包都不会消失，只会越来越多，从而造成广播风暴。

一方面，广播风暴大量占用网络带宽，另一方面，主机对收到的广播包都要进行分析处理，大量占用主机资源，甚至导致死机，如图 2-19 所示。

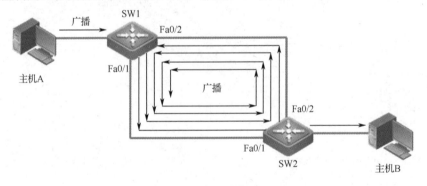

图 2-19　广播风暴

2. 多帧复制

在存在冗余链路的交换网络中，当交换机刚刚启动后，MAC 地址表中没有任何条目时，某主机 x 发送一个单播帧给同一个网段的主机 y。这个时候，由于还没有学习到地址条目，交换机 SWA 会将这个帧泛洪（Flood）到所有接口。

而此时冗余交换机 SWB 收到这个帧后，由于同样地没有学习到 MAC 条目，它也会再次将其泛洪到所有的接口。在这种情况下，目的主机 y 会先后收到多个同样的帧，造成了帧的重复接收，如图 2-20 所示，这种情况，对计数问题有很大的影响。

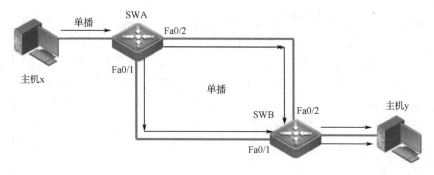

图 2-20 多帧复制

3．MAC 地址表不稳定

交换机维护 MAC 地址表的原理是查看收到数据帧的源 MAC 地址，当交换网络中存在环路时，交换机可能在自己的接口 Fa0/1 收到来自主机 x 的数据帧，于是 MAC 地址表中接口 Fa0/1 对应主机 x 的 MAC 地址。

但是，由于存在冗余链路，一段时间后，交换机又从自己的另一个接口 Fa0/2 收到主机 x 的数据帧，于是，MAC 地址表 x 的 MAC 地址改为对应接口 Fa0/2……这种过程会比较频繁，影响 MAC 地址表稳定，如图 2-21 所示。

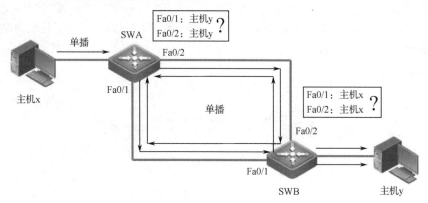

图 2-21 MAC 地址表不稳定

2.3.2 了解生成树协议

如何解决由于冗余链路产生的这些问题呢？比较容易想到的方法是：为网络提供冗余链路，在网络通信正常时，自动将备份链路断开；在网络出现故障时，自动启用备份链路。生成树协议就是为解决这一问题而产生的。

1．生成树概述

生成树协议（Spanning Tree Protocol，STP）是由 DEC 公司创建的网桥到网桥协议。DEC 公司的生成树算法后由 IEEE 802 委员会修正，并以 802.1D 协议标准予以规范。目前，多数交换机都使用 IEEE 802.1D 标准的生成树协议。

生成树协议就是在具有物理回环的交换机网络上，生成没有回环的逻辑网络方法。

生成树协议使用生成树算法，在一个具有冗余路径的容错网络中，计算出一个无环路的路径。通过使一部分端口处于转发状态，另一部分端口处于阻塞状态（备用状态），从而生成一个稳定的、无环路的生成树网络拓扑。一旦发现当前路径故障，生成树协议能立即激活相应的端口，打开备用链路，重新生成 STP 的网络拓扑，从而保持网络的正常工作。

生成树协议的关键就是保证网络上任何一点到另一点的路径，有一条且只有一条。生成树协议的作用是使具有冗余路径的网络，既有了容错能力，同时，又避免了产生回环带来的不利影响。

生成树协议连续探究网络，以致一个失败或附加的链路、交换机或网桥都可以迅速地被发现。当网络拓扑改变时，生成树协议通过重配交换机或网桥的端口，避免丢失连接或生成新环路。

2. 什么是生成树协议

生成树算法的网桥协议 STP 通过将二层网络拓扑从逻辑上转变成树形结构来防止二层环路。生成树工作原理简单说分为两步：正常情况下，STP 协议会阻塞冗余端口，使网络中的节点在通信时，只有一条链路生效。当通信链路出现故障时，将处于阻塞状态的端口重新打开，从而保证网络正常通信。

如图 2-22 所示，正常情况下将交换机 SW3 的 Fa0/1 口从逻辑上阻塞。这时，交换机 SW3 访问 SW2 的数据，从交换机 SW3 的 Fa0/2 口发送到交换机 SW2。当交换机 SW3 的 Fa0/2 口出现故障后，交换机 SW3 的 Fa0/1 口开始转发数据，交换机 SW3 的数据从 Fa0/1 口经过 SW1 发送到 SW2。

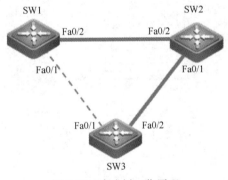

图 2-22　生成树工作原理

3. 生成树版本

生成树技术在发展的过程中，经过多次修改和更新，目前有三个版本，列举如下：
- STP 生成树，标准为 IEEE 802.1D。
- RSTP（Rapid STP）快速生成树，标准为 IEEE 802.1W。
- MSTP（Multiple STP）多生成树，标准为 IEEE 802.1S。

4. 桥协议数据单元

交换机或网桥之间，通过周期性地发送 STP 的桥接协议数据单元（Bridge Protocol Data

Unit，BPDU），来实现 STP 的功能。其中，BPDU 的主要功能有：通过比较 BPDU 中的参数，得到要阻塞的端口；如果交换机端口在一段时间内没收到 BPDU 报文就感知到拓扑变化，从而使被阻塞端口转发数据。

BPDU 报文中的主要内容有选举参数和计时器，主要作用如下。

（1）选举参数。

● 链路路径开销：由设备端口带宽换算得出或手工设置，累计每段链路的开销。

● 网桥 ID：共 64bit，由网桥优先级和网桥 MAC 地址组成。

● 端口 ID：共 16bit，由端口优先级和端口编号组成。

（2）计时器。

● Hello Time：发送 BPDU 报文的间隔，默认为 2 秒。

● Forward Delay Time：BPDU 报文传到全网的时间，默认为 15 秒。

● Max-age Time：BPDU 最大生效时间，默认为 20 秒。

2.3.3　生成树技术原理

为了实现生成树技术选举功能，运行 STP 的交换机之间通过桥接协议数据单元 BPDU 进行互连的交换机之间的信息交流。其中，BPDU 数据帧中最为重要的选项是 Root ID、Cost of Path、Port ID、Maximum Time、Hello Time、Forward Delay 等。

网络中所有的交换机每隔一定的时间间隔（默认为 2 秒），就发送自己的 BPDU 数据帧，接收对端交换机发送来的 BPDU 数据帧，并且用它来检测生成树拓扑的状态，通过生成树算法，得到生成树的工作状态。

生成树技术通过以下技术，实现网络收敛，获得网络健壮性。

1. 生成树端口状态

在运行生成树协议的情况下，为了避免路径回环，生成树协议强迫交换机互连的端口经历不同状态，共有四种状态，各自功能介绍如下。

（1）阻塞状态（Blocking）：端口处于只能接收状态，不能转发数据，但收听网络上的 BPDU 数据帧。

（2）监听状态（Listening）：STP 算法开始或初始化时，交换机进入的状态，不转发数据，不学习地址，只监听数据帧，交换机端口已经可以转发数据，但交换机必须先确定在转发数据前没有环路发生。

（3）学习状态（Learning）：与监听状态相似，仍不转发数据，但学习 MAC 地址且建立地址表。

（4）转发状态（Forwarding）：转发所有数据，且学习 MAC 地址，表明生成树已经形成，无冗余链路。

在默认情况下，交换机开机时，所有的端口一开始是阻塞状态。经过 20 秒后，交换机端口将进入监听状态。再经过 15 秒后，进入学习状态。再经过 15 秒后，一部分端口进入转发状态，而另一部分端口进入阻塞状态。

当生成树算法因为网络故障重新达到收敛时，其时间为 50 秒（可以修改）。如果网络拓扑因为故障、连接发生变化，或者增加了新交换机到网络中时，生成树算法都将重新启动，端口的状态也会发生相应的变化。

2. 生成树的选举过程

生成树协议通过 SPA（生成树算法）生成一个没有环路的网络。当网络通信正常时，备份链路被断开；当网络出现故障时，自动切换到备份链路，保证网络的正常通信。

生成树的选举的具体过程是：先在网络中确定根交换机；然后，确定到达根交换机的最短路径，阻塞其他路径；最后，在最短路径故障时，自动启用备份链路。生成树的选举一般分为以下四步进行。

第一步，选举一个根网桥，网桥 ID 值最小者当选，如图 2-23 所示。

SW1:
32768.00-d0-f8-00-11-11

Fa0/1   Fa0/2

100Mbps

100Mbps

Fa0/1   Fa0/2

Root Bridge   Fa0/2   Fa0/1

100Mbps

SW2:   SW3:
4096.00-d0-f8-00-22-22   32768.00-d0-f8-00-33-33

图 2-23　选举根网桥

第二步，在每个非根网桥上选举一个根端口（Root Port），如图 2-24 所示。选举根端口的依据如下。

● 选择根路径开销最小的端口。
● 如果根路径开销相同，就选择发送网桥 ID 最小的端口。
● 如果发送网桥 ID 相同，就选择发送端口 ID 最小的端口。

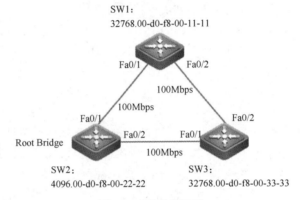

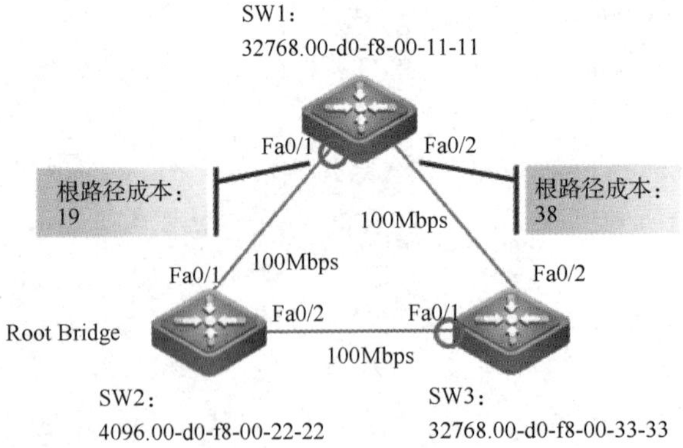

SW1:
32768.00-d0-f8-00-11-11

Fa0/1   Fa0/2

根路径成本：   根路径成本：
19   38

100Mbps

Fa0/1   100Mbps   Fa0/2

Root Bridge   Fa0/2   Fa0/1

100Mbps

SW2:   SW3:
4096.00-d0-f8-00-22-22   32768.00-d0-f8-00-33-33

图 2-24　选举根端口

第三步，在每个网段上选举一个指定端口（Designated Port），如图 2-25 所示。选举指定端口的依据如下。

● 选择根路径开销最小的端口。
● 如果根路径开销相同，就选择所在交换机的网桥 ID 最小的端口。

● 如果网桥 ID 相同，就选择端口 ID 最小的端口。

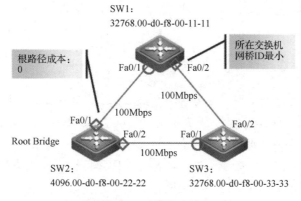

图 2-25　选举指定端口

第四步，阻塞既不是根端口，也不是指定端口的端口。生成树选举结果如图 2-26 所示。

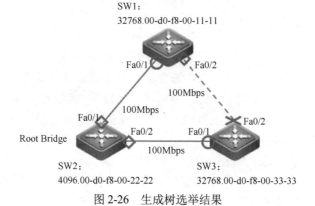

图 2-26　生成树选举结果

3. 生成树拓扑变更

当生成树拓扑出现变更时，首先，由出现链路故障的交换机发送拓扑变更报文（TC），沿最短路径传递，接收到的交换机回应（TCA），直到根交换机为止。然后，根交换机向下发送 TCN 给非根交换机，网络重新计算 STP，从而使网络重新收敛，如图 2-27 所示。

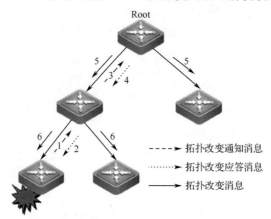

图 2-27　生成树拓扑变更示意图

2.3.4 了解快速生成树

1. 什么是快速生成树协议

快速生成树协议（Rapid Spanning Tree Protocol，RSTP）由 IEEE 802.1W 标准定义，在 STP 标准的基础上做了很多改进，主要目的是加快网络拓扑变化时的收敛速度。

RSTP 的端口角色，相对于 STP 而言也有了一些变化，主要是为根端口和指定端口各增加了一个端口，分别为替换端口（Alternate Port）和备份端口（Backup Port）。当根端口或指定端口因为链路故障而无法转发数据时，替换端口和备份端口可以很快地参与转发数据，从而大大地提高网络拓扑变化时的收敛速度。

当网络中拓扑发生变化时，例如，交换机中某条链路断开，端口进入转发状态时，此交换机迅速向其他交换机发送拓扑变更通知，收到此变更通知的交换机也迅速地向其他交换机公布此通知，从而让整个网络拓扑迅速地再次稳定为树形结构。

2. RSTP 端口角色与 STP 的区别

在 RSTP 协议中增加了两个端口角色：替换端口和备份端口。其中，替换端口是作为根端口的备份端口，当根端口正常工作时，替换端口也接收 BPDU 报文、学习 MAC 地址，只是不转发数据。当根端口一旦阻塞，替换端口就可以很快地进入转发状态，同样，当指定端口阻塞时，备份端口也可以很快地进入转发状态，无须经过侦听和学习两个状态，也无须等待两倍的 Forward Delay 时间。

（1）定义两种新增加端口角色，取代阻塞端口。

- 替代端口，也称 AP 端口，为根端口到根网桥连接提供替代路径。
- 备份端口，也称 BP 端口，提供到达同段网络的备份路径。

（2）端口状态减少为以下三个。

- 丢弃状态（Discarding）：对应 STP 的禁用状态、阻塞状态和监听状态。
- 学习状态（Learning）。
- 转发状态（Forwarding）。

（3）增加两个变量，将端口立即转变为转发状态。

- 边缘端口：指连接终端的端口。
- 连接类型：根据端口双工模式确定，全双工操作端口为点到点链路，可以实现快速收敛。

3. RSTP 收敛机制与 STP 的区别

在运行 STP 的网络中，如果拓扑发生变化时，交换机将拓扑变更通知发送到根交换机，由根交换机向网络中发送配置 BPDU。此时，通过 BPDU 数据帧在网络中被组播到所有交换机，由此，每台交换机得知网络拓扑发生改变，将自己的 MAC 地址表的过期时间改为 Forward Delay。因此，运行 RSTP 的网络中拓扑发生变化时，拓扑变更通知影响每一个接收到它的交换机，并且交换机迅速做出调整。

与传统的 STP 相比，快速生成树 RSTP 选举过程基本一致，主要的改变是在物理拓扑变化或配置参数发生变化时，能够显著地减少网络拓扑的重新收敛时间。

4．BPDU 的传播机制改变

由出现链路故障的交换机，首先向相邻交换机发送拓扑变更报文（TCN），收到报文的交换机继续转发，直到网络重新收敛。

非根网桥即使没有收到根网桥发来的 BPDU，也会每隔 2 秒发送一次 BPDU。如果在连续 3 个 Hello Time 内，没有收到邻居发来的 BPDU，则认为连接故障。因此，在运行 RSTP 的网络中，重新收敛的时间可能小于 1 秒。

2.3.5　配置生成树

对于生成树的配置，最基本的只需要开启生成树，再根据需要选择相应的类型即可。如果需要指定控制选路，一般只需要修改交换机优先级即可，具体配置步骤如下。

（1）打开 STP 协议。

| Switch(config)# spanning-tree | ！开启生成树协议 |

备注：交换机默认是关闭 Spanning Tree 的。如果需要关闭生成树协议，使用 no spanning-tree 命令。

（2）修改生成树协议的类型。

| Switch(config)#spanning-tree mode stp | ！修改生成树类型 |

备注：交换机默认生成树的类型为 MSTP。

（3）配置交换机的优先级。

| Switch(config)#spanning-tree priority <0-61440> | ！修改交换机优先级 |

备注：优先级配置只能为 0 或 4096 的 1 到 15 倍，默认为 32768。

（4）配置端口的优先级。

| Switch(config-if-FastEthernet 0/1)#spanning-tree port-priority <0-240> | ！修改端口优先级 |

备注：端口优先级配置只能为 0 或 16 的 1 到 15 倍，默认为 128。

（5）配置端口的路径成本。

| Switch(config-if-FastEthernet 0/1)#spanning-tree cost cost | ！修改端口路径成本 |

备注：端口开销默认按端口速率来换算。

（6）配置 Hello Time、Forward Delay Time 和 Max-age Time。

Switch(config)#spanning-tree hello-time seconds	！修改 Hello Time
Switch(config)#spanning-tree forward-time seconds	！修改 Forward Delay Time
Switch(config)#spanning-tree max-age seconds	！修改 Max-age Time

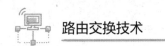

> 备注：Hello Time、Forward Delay Time、Max-age Time 默认分别为 2 秒、15 秒和 20 秒。

（7）查看相关命令。

Switch#show spanning-tree summary	! 查看生成树状态
Switch#show spanning-tree interface *interface-id*	! 查看生成树端口状态

快速生成树的配置方法与生成树类似，不同的地方如下。
① 修改生成树协议的类型。

Switch(config)#spanning-tree mode rstp	! 修改生成树类型

② 配置边缘端口。

Switch(config)#int range f 0/1-24	! 进入连接终端的端口
Switch(config-if-range)#spanning-tree portfast	! 将端口设置为边缘端口

> 备注：如果需要去除边缘端口，则使用 spanning-tree portfast disable 命令。

【任务实施】配置快速生成树

【任务规划】

如图 2-28 所示的网络拓扑是北京某小学校园网中办公网络的场景，其中两台测试计算机分别连接到两台互连的交换机上，两台互连的交换机为了防止单链路故障，使用双线连接，配置快速生成树的网络拓扑，实现网络健壮性。

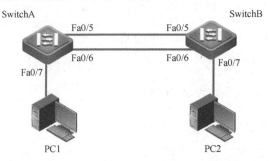

图 2-28　配置快速生成树的网络拓扑

通过在两台互连的交换机上配置 RSTP，可以防止网络环路带来风险，同时，将接计算机的端口配置为 portfast 端口功能，保障网络快速收敛。

【实施过程】

该任务的详细配置步骤如下。
（1）按照拓扑图完成组网。

按照拓扑图完成网络场景组建。如果有相应接口变化，则修改接口名称，配置信息没有变化。
（2）在两台互连的交换机上开启生成树。
① 在交换机 SwitchA 上的配置。

```
Switch>enable                                    ! 进入特权模式
Switch# configure terminal                       ! 进入全局配置模式
Switch (config)#hostname SwitchA                 ! 设备命名
SwitchA(config)#spanning-tree                    ! 开启成树
SwitchA(config)#spanning-tree mode rstp          ! 指定生成树类型为快速生成树
SwitchA(config)#
```

② 在交换机 SwitchB 上的配置如下。

```
Switch>enable                                    ! 进入特权模式
Switch# configure terminal                       ! 进入全局配置模式
Switch (config)#hostname SwitchB                 ! 设备命名
SwitchB(config)#spanning-tree
SwitchB(config)#spanning-tree mode rstp
```

（3）在两台互连的交换机上配置快速转发口。

① 在交换机 SwitchA 的配置如下。

```
SwitchA(config)#
SwitchA(config)#int fa0/7                              ! 进入连接交换机的端口
SwitchA(config-if-FastEthernet 0/7)#spanning-tree portfast   ! 配置 portfast
SwitchA(config-if-FastEthernet 0/7)#end
SwitchA#
```

② 在交换机 SwitchB 上的配置如下。

```
SwitchB(config)#
SwitchB(config)#int fa0/7
SwitchB(config-if-FastEthernet 0/7)#spanning-tree portfast
SwitchB(config-if-FastEthernet 0/7)#end
SwitchB#
```

（4）在交换机上查看操作结果。

```
SwitchA#show spanning-tree summary               ! 查看生成树状态
……
SwitchA#show spanning-tree interface f 0/5       ! 查看生成树端口
……
```

2.4 任务 4　配置链路聚合

【任务描述】

北京某小学校园网中使用多台互连的交换机设备，组建了互连互通的办公网、教学网。由于学校所有部门中的计算机分别连接到互连的交换机上，为了提高网络的可靠性，很多数据流量都经过大楼之间互连的核心交换机进行转发。为了提高带宽，需要在这些互连的核心交换机之间连接两条网线（实际为光纤），希望既能够提高链路带宽，又能够提供冗余链路，实现基于源 MAC 和目的 MAC 的负载均衡。

【技术指导】

2.4.1　了解链路聚合技术

1. 链路聚合功能概述

在交换网络中，交换机之间的网络带宽可能无法满足网络需求，一种解决办法是购买千兆位或万兆位交换机，提高接口速率，但这种方法成本过高；另一种解决办法是运用链路聚合将交换机的多个接口在逻辑上捆绑成一个接口，形成一个带宽为绑定接口之和的接口。

2. 什么是链路聚合

链路聚合（Aggregate Port，AP）基于 IEEE 802.3ad 协议标准。该协议主要是把多个物理接口捆绑在一起而形成的一个逻辑接口。交换机最多支持 8 个物理接口组成一个链路聚合，不同设备支持的聚合组数也不同。

如图 2-29 所示，两台交换机 SW1 和 SW2 上接口最大速率为 1000Mbps，将 4 个千兆位接口进行捆绑，两台交换机之间的速率可达到 4000Mbps。因此，链路聚合技术具有的优点主要如下。

● 扩展链路带宽。

● 实现成员接口上的流量平衡。

● 自动链路冗余备份。

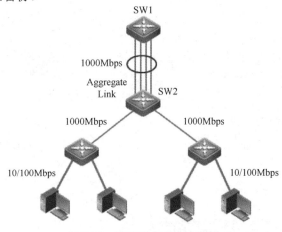

图 2-29　链路聚合应用示意图

在配置链路聚合时，必须注意以下注意事项，只有这些注意事项全部满足，链路聚合才能配置成功。

（1）AP 组接口的速度必须一样：是指加入到 AP 组的所有成员接口的速率必须相同，都为 100Mbps 或 1000Mbps 等。

（2）AP 组接口使用介质必须相同：是指使用光纤作为介质的接口不可以和使用其他介质的接口，如双绞线作为介质的接口同时作为一个 AP 的组成员。

（3）AP 组接口必须属于同一层次，且与 AP 也属于同一层次：是指组接口必须和 AP 同时属于二层接口或同时属于三层接口。

（4）AP 组成员接口必须属于同一个 VLAN。

（5）AP 组成员接口不能设置接口安全功能。

（6）AP 组成员接口数量不能超过 8 个。

配置链路聚合需要将接口加入到某一个 port-group 中。在将接口加入到 AP 组中后，如果此 AP 组不存在，则自动创建此 AP 组，同时，生成的 AP 接口默认属于 VLAN1。在实际应用中，可能需要将此 AP 接口加入特定 VLAN，方法同将普通接口加入特定 VLAN。

3．实施链路聚合组流量平衡

在链路聚合组中，可以通过配置，根据报文的源 MAC 地址、目的 MAC 地址或 IP 地址，把流量平均分担到链路聚合的成员中。流量平衡是把流量平均地分配到 AP 的成员链路中去，常见流量平衡方式如下。

- 根据源 MAC 地址。
- 根据目的 MAC 地址。
- 根据源 IP 地址。
- 根据目的 IP 地址。
- 根据源和目的 MAC 地址。
- 根据源和目的 IP 地址。

需要注意的是，一个接口加入 AP 后，其接口的属性将被 AP 的属性所取代。将接口从 AP 中删除后，接口的属性将恢复为其加入 AP 前的属性。

2.4.2　配置链路聚合技术

1．创建 AP

Swtich(config)#interface aggregateport *n*　　　！创建链路聚合，*n* 为 AP 号

2．将接口加入 AP

Switch(config)#interface range *{port-range}*　　　！进入需要聚合的物理接口
Switch(config-if-range)# port-group *port-group-number*　　　！将物理接口加入 AP

> 备注：如果这个 AP 不存在，则同时创建这个 AP。

3．将接口从 AP 中删除

Switch(config-if-FastEthernet 0/1)# no port-group
！将该成员从 AP 中删除

4．配置流量平衡

Switch(config)#aggregateport load-balance dst-mac　　　！按源 MAC 地址流量平衡
Switch(config)#aggregateport load-balance src-mac　　　！按目的 MAC 地址流量平衡
Switch(config)#aggregateport load-balance src-dst-mac

　　　！按源和目的 MAC 地址流量平衡
Switch(config)#aggregateport load-balance dst-ip　　　！按目的 IP 地址流量平衡
Switch(config)#aggregateport load-balance src-ip　　　！按源 IP 地址流量平衡
Switch(config)#aggregateport load-balance ip　　　！按源和目的 IP 地址流量平衡

备注：不同型号交换机支持的流量平衡算法可能不同。

5. 查看链路聚合配置

Switch# show aggregateport *port-number* load-balance	! 查看 AP 流量平衡
Switch# show aggregateport *port-number* summary	! 查看 AP 概述信息
Switch# show interface aggregateport *n*	! 查看 AP 接口信息

【任务实施】配置链路聚合

【任务规划】

如图 2-30 所示的网络拓扑是北京某小学校园网中办公网络的场景，其中两台测试计算机分别连接在两台互连的交换机上，为防单链路故障而使用双链路互连。由于使用生成树技术容易使一条链路阻塞，导致链路带宽不能有效使用。因此，希望使用链路聚合技术实现网络稳定，一方面可以消除环路；另一方面增加了骨干链路上的带宽，而且可以使用基于源和目的 MAC 地址的技术，实现传输的负载均衡。

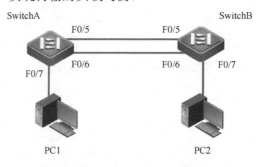

图 2-30　配置链路聚合的网络拓扑

【实施过程】

该任务的详细配置步骤如下。

（1）按照拓扑图完成组网。

按照拓扑图完成网络场景组建。如果有相应接口变化，修改接口名称，配置信息没有变化。

（2）将两台互连的交换机上的物理接口加入聚合组。

① 交换机 SwitchA 的配置如下：

Switch>	! 用户模式
Switch>enable	! 进入特权模式
Switch# configure terminal	! 进入全局配置模式
Switch(config)#hostname SwitchA	! 将交换机名字改为 SwitchA
SwitchA(config)#int range fa0/5-6	
SwitchA(config-if-range)#port-group 1	! 将接口加入 AP 1
SwitchA(config-if-range)#exit	

② 在交换机 SwitchB 上的配置如下：

Switch>	! 用户模式
Switch>enable	! 进入特权模式

```
Switch# configure terminal                          ！进入全局配置模式
Switch(config)#hostname SwitchB
SwitchB(config)#int ran fa0/5-6
SwitchB(config-if-range)#port-group 1
SwitchB(config-if-range)#exit
```

（3）配置链路聚合负载均衡。

① 在交换机 SwitchA 上的配置如下：

```
SwitchA(config)#aggregateport load-balance src-dst-mac
SwitchA(config)#exit
```

② 在交换机 SwitchB 上的配置如下：

```
SwitchB(config)#aggregateport load-balance src-dst-mac
SwitchB(config)#exit
```

（4）在交换机上查看实际结果。

```
SwitchA#show aggregateport 1 load-balance          ！查看 AP 流量平衡
……
SwitchA# show aggregateport 1 summary              ！查看 AP 概述信息
……
SwitchA# show interface aggregateport 1            ！查看 AP 接口信息
……
```

【认证测试】

下列每道试题都有多个答案选项，请选择一个最佳的答案。

1. Tag VLAN 是由下面的哪一个标准规定的？（   ）

   A．802.1D   B．802.1P   C．802.1Q   D．802.1Z

2. 以下哪一项不是增加 VLAN 带来的好处？（   ）

   A．交换机不需要再配置   B．机密数据可以得到保护

   C．广播可以得到控制

3. 交换机如何清空配置参数？（   ）

   A．erase star   B．delete run

   C．delete flash:config.text   D．del nvram

4. 交换机处理的是（   ）。

   A．脉冲信号   B．MAC 帧   C．IP 包   D．ATM 包

5. 以下对局域网的性能影响最为重要的是（   ）。

   A．拓扑结构   B．传输介质

   C．介质访问控制方式   D．网络操作系统

6. 局域网中的介质访问协议为（   ）。

   A．CSMA/CA   B．Token-Bus

   C．CSMA/CD   D．Token-Ring

7. IEEE 制定实现 Tag VLAN 使用的是下列哪个标准？（   ）

   A．IEEE 802.1W   B．IEEE 802.3AD

   C．IEEE 802.1Q   D．IEEE 802.1X

8. IEEE 802.1Q 数据帧的 Tag 是加在什么位置？（　　）

    A. 头部　　　　　　　　B. 中部　　　　　　　　C. 尾部　　　　　　　　D. 头部和尾部

9. 以下不属于生成树协议的有（　　）。

    A. IEEE 802.1W　　　　B. IEEE 802.1S　　　　C. IEEE 802.1P　　　D. IEEE 802.1D

10. 下面对使用交换技术的二层交换机的描述不正确的是（　　）。

    A. 通过辨别 MAC 地址进行数据转发

    B. 通过辨别 IP 地址进行数据转发

    C. 交换机能够通过硬件进行数据的转发

    D. 交换机能够建立 MAC 地址与接口的映射表

11. 请问通常配置交换机不可以采用的方法有（　　）。

    A. Console 线命令行方式　　　　　　　　B. Console 线菜单方式

    C. Telnet　　　　　　　　　　　　　　　D. Aux 方式远程拨入

12. 交换机的功能有（　　）。

    A. 路径选择　　　　　　　　　　　　　　B. 转发过滤

    C. 报文分出与连组　　　　　　　　　　　D. 路径学习功能

13. 交换机如何将接口设置为 Tag VLAN 模式？（　　）

    A. switchport mode tag　　　　　　　　　B. switchport mode trunk

    C. trunk on　　　　　　　　　　　　　　D. set port trunk on

14. 交换机收到分组的目的 MAC 地址在映射表中没有对应表项时，应采取的策略是
（　　）。

    A. 丢掉该分组　　　　　　　　　　　　　B. 将该分组分片

    C. 向其他接口广播该分组　　　　　　　　D. 不转发此帧并由桥保存起来

15. 在交换机上能设置的 IEEE 802.1Q VLAN 最大号为（　　）。

    A. 256　　　　　　　　B. 1024　　　　　　　　C. 2048　　　　　　　　D. 4094

16. IEEE 802.1 定义了生成树协议 STP，将整个网络路由定义为（　　）。

    A. 二叉树结构　　　　　　　　　　　　　B. 无回路的树形结构

    C. 有回路的树形结构　　　　　　　　　　D. 环型结构

17. STP 的最根本目的是（　　）。

    A. 防止"广播风暴"　　　　　　　　　　　B. 防止信息丢失

    C. 防止网络中出现信息环路造成网络瘫痪　D. 使网桥具备网络层功能

18. 生成树协议是由以下哪个标准规定的？（　　）

    A. 802.3　　　　　　　B. 802.1Q　　　　　　C. 802.1D　　　　　　D. 802.3U

19. 下列不属于 IEEE 的生成树协议有（　　）。

    A. STP　　　　　　　　B. RSTP　　　　　　　C. MSTP　　　　　　　D. PPST

20. 以下对局域网的性能影响最为重要的是（　　）。

    A. 拓扑结构　　　　　　　　　　　　　　B. 传输介质

    C. 介质访问控制方式　　　　　　　　　　D. 网络操作系统

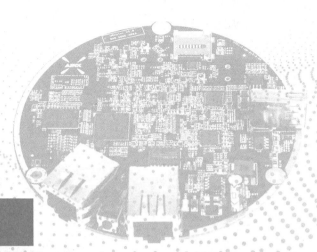

第3章
配置路由实现交换网互连

【项目背景】

北京某小学打算以教育信息化为突破口，推进数字化教育在基础教育中发挥的重要作用，建设以校园网络为核心、多媒体教室为基础，实施班班通的数字化校园网建设方案。

一期建设完成的校园网如图3-1所示。全校园网采用三层架构部署，使用高性能的交换机连接，保障网络的稳定性，实现校园网的高速传输；使用路由技术实现校园网中各部门网络之间互连互通。此外，校园网的出口部分，采用路由器接入北京市普教城域网中，需要通过默认路由接入外网。

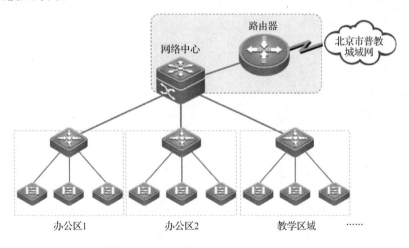

图3-1 某小学校园网一期建设网络拓扑

【学习目标】

本章通过 3 个任务的学习，帮助学生了解路由器组网设备，熟悉直连路由和静态路由技术，实现以下目标。

1. 知识目标

（1）了解路由器组网设备，熟悉路由知识。
（2）掌握直连路由和静态路由技术。

2. 技能目标

（1）会配置路由器设备。
（2）会配置静态路由。

3. 素养目标

（1）学会整理知识笔记，按照标准格式制作实训报告。
（2）能保持工作环境干净，实现物料放置地整洁，遵守 6S 现场管理标准。
（3）学会和同伴友好沟通，建立友好的团队合作关系。
（4）在实训现场具有良好的安全意识，懂得安全操作知识，严格按照安全标准流程操作。

【素质拓展】

合抱之木，生于毫末；百丈之台，起于垒土；千里之行，始于足下。——《老子》

合抱的大树，生长于细小的萌芽；九层的高台，筑起于每一堆泥土；千里的远行，是从脚下第一步开始走出来的。在互联网中，路由器是组网的基础设备，通过学习路由器，熟悉直连路由和静态路由，夯实网络互连的基础，为实现万物互连、万物互通的现代化智慧生态保驾护航。

在学习和生活中，事情是从头做起、逐步进行的，也告诫人们，无论做什么事情，都必须具有坚强的毅力，从小事出发、持续不懈才可能成就大事业。

【项目实施】

3.1 任务 1 配置路由器

【任务描述】

某小学的校园网的网络出口处安装了一台路由器设备，把校园网接入互联网。为了实现校园网和互联网的互连互通，需要配置出口路由器的接口信息、路由信息，把校园网接入互联网中，实现网络互连互通。

▊【技术指导】

3.1.1　认识路由器

1. 路由器概述

在互连网络中，路由器起着重要作用，它是互连网络不可缺少的设备之一。一个互连网络由几百甚至上千台相互连接的计算机组成，为了使这些设备能够相互访问和通信，必须有一套完整规则及使用的方法。

一个互连网络是由许多分离、但是相互连接的网络构成的，这些分离的网络本身，也可能是由分离的、更小的子网络组成的。路由器在互连网络中的位置，就是在子网与子网之间，以及网络与网络之间。路由器在互连网络之中连接各网络，网络之间的通信通过路由器进行，如图 3-2 所示。

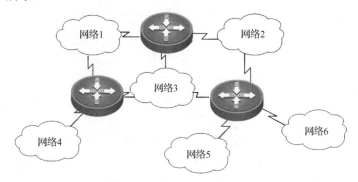

图 3-2　路由器互连网络场景

2. 认识路由器设备

路由器（Router）是连接因特网中各局域网、广域网的设备，它会根据信道的情况自动选择和设定路由，以最佳路径，按前后顺序发送信号。

目前，路由器已经被广泛应用于各行各业，各种不同档次的产品已成为实现各种骨干网内部连接、骨干网间互连，以及骨干网与互联网互连互通业务的主力军。

路由和交换之间的主要区别就是：交换发生在 OSI 参考模型第二层，即数据链路层；而路由发生在第三层，即网络层。这一区别决定了路由和交换在移动信息的过程中，需使用不同的控制信息，所以两者实现各自功能的方式是不同的。

路由器工作主要依据路由表实现。路由器工作过程主要有以下两个：一是生成并维护路由表；二是按路由表转发数据。

如图 3-3 所示为路由器设备，和交换机相比，路由器以太网接口数量较少，但大部分路由器都有多个扩展槽，从而扩展出多种类型的接口，这些接口大多用来连接广域网。

3. 路由器系统组成

路由器也是一台计算机，它的硬件和计算机类似。它的内部是一块印刷电路板，电路板上有许多大规模集成电路及一些插槽，还有微处理器（CPU）、内存、线卡及接口等。

图 3-3 锐捷 RSR20 下一代接入路由器

路由器是一台有特殊用途的专用计算机，专门用来做路由用。路由器与普通计算机不同，它没有显示器、软驱、硬盘、键盘等。

路由器的硬件组件包括微处理器、内存、线卡和接口。

（1）微处理器（CPU）：它是路由器的控制和运算部件。锐捷路由器采用双 CPU，一个用于选路，另一个用于包的转发。

（2）只读存储器（ROM）：存储加电自检程序、引导程序。

（3）随机访问存储器（RAM）：存储正在运行的配置或活动配置文件、路由和其他的表和数据包的缓冲区。RAM 中的数据在路由器断电后是会丢失的。

（4）非易失性存储器（NVRAM）：用于存放路由器的配置文件。路由器断电后，NVRAM 中的内容仍然保持。

（5）闪存存储器（Flash）：可擦除、可编程的 ROM，用于存储操作系统软件，或 NOS 映像。路由器断电后，Flash 的内容不会丢失。

（6）接口：路由器的全部作用就是从一个网络向另一个网络传递数据包，路由器通过接口连接到各种不同类型的网络上。一些重要的路由器接口是串行接口（它通常将路由器连接到广域网链路上）和局域网接口（Ethernet、令牌环网和 FDDI）。

用户通过控制台接口与路由器交互作用，它将路由器连接到本地终端上。路由器也具有一个辅助接口，它经常用于将路由器连接到调制解调器上，以在网络连接失效和控制台无法使用的情况下，进行带外管理。

（7）操作系统软件：路由器的操作系统名称是 NOS，是一个操作系统软件，存放在路由器的闪存存储器中。

3.1.2 配置路由器

1. 路由器管理方式

路由器的管理方式和交换机基本相同，也分为带外管理和带内管理，带外管理同样是通过连接 Console 口和计算机的 COM 口的方式来管理的，带内管理的方式有 Telnet、Web 页面管理、基于 SNMP 的管理方式。

不一样的是，路由器上有一个 AUX 口，可以通过 AUX 口连接 MODEM 可以访问路由器，对路由器进行配置。

因此，路由器的管理主要有以下五种方式，如图 3-4 所示。

● 通过带外管理方式对路由器进行管理。

● 通过 Telnet 对路由器进行远程管理。

- 通过 Web 对路由器进行远程管理。
- 通过 SNMP 管理工作站对路由器进行远程管理。
- 通过 AUX 口转换成 Serial 口后通过 MODEM 进行管理。

前四种方式和交换机的使用方法一致，而最后一种方法是路由器特有的。由于目前使用 AUX 接口管理路由器的场景很少，因此，在此就不再过多介绍。

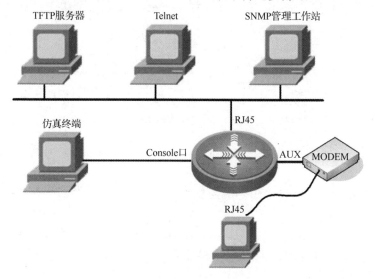

图 3-4　配置路由器的连接方式

2．路由器配置界面的模式

由于目前交换产品和路由产品基本都使用统一系统 NOS 作为设备的操作系统。所以，除了如 VLAN 模式等交换机特有的模式，路由器各种模式的意义和进入的方式与交换机基本一样。

不一样的是，路由器增加了线路配置和路由配置模式。在线路配置模式下，可以对路由器的虚链路进行配置；在路由配置模式下，可以配置路由器的路由协议等。

在路由器上配置 Telnet 和在交换机上的配置也相似，都是需要配置管理 IP、远程登录密码和特权密码。不一样的是，在交换机上管理 IP 只能配置给 VLAN；而在路由器上，管理 IP 可以作为接口的 IP。配置远程登录密码也和交换机不同，是进入到虚链路配置模式下，对虚链路进行配置的。

3．路由器常用命令

除了交换机特有的配置，如虚拟局域网、生成树、链路聚合等，路由器和交换机的配置命令基本一样。需要特别说明的是，路由器可以直接在接口上配置 IP 地址。

路由器接口配置 IP 地址的命令如下：

```
Router(config)#interface interface-id                     ! 进入路由器接口
Router(config-if-FastEthernet 0/0)#ip address ip-address netmask
                                                          ! 为接口配置 IP 地址和掩码
```

【任务实施】配置路由器

【任务规划】

如图 3-5 所示为北京某小学的校园网网络出口的场景，使用路由器接入互联网中。为了配置路由器设备，需要使用 Console 线缆将路由器 Console 口和计算机上的 COM 口进行连接。

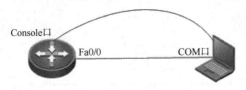

Console口   COM口
Fa0/0

图 3-5　路由器连接示意图

【实施过程】

启动计算机超级终端程序，正确配置参数，实现配置路由器的初始化连接，路由器成功引导之后，进入初始配置。

使用 enable 命令进入特权模式后，再使用 configure terminal 命令进入全局配置模式，就可以开始配置了。该任务的详细配置步骤如下。

（1）按照拓扑图完成组网。

按照拓扑图完成网络场景组建。如果有相应接口变化，则修改接口名称，配置信息没有变化。

（2）切换路由器配置模式。

```
Ruijie>                                       ! 用户模式
Ruijie>enable                                 ! 进入特权模式
Ruijie# configure terminal                    ! 进入全局配置模式
Ruijie(config)#hostname Router                ! 将设备名字改为 Router
Router(config)#
```

（3）配置路由器接口 IP 地址。

```
Router(config)#int fa0/0                       ! 进入接口模式
Router(config-if-FastEthernet 0/0)#ip address 192.168.1.1 255.255.255.0
                                               ! 配置接口 IP 地址及掩码
Router(config-if-FastEthernet 0/0)#exit
```

（4）配置路由器特权密码。

```
Router(config)#enable secret ruijie
```

（5）配置路由器远程登录方式。

```
Router(config)#line vty 0 4
Router(config-line)#password ding-xi-li-gong
Router(config-line)#login
Router(config-line)#end
```

（6）查看路由器操作。

```
Router#show ip interface brief              ! 查看三层接口信息
······
Router#show interface fa0/0                 ! 查看指定接口状态
······
```

3.2 任务 2　配置直连路由

【任务描述】

北京某小学的校园网的网络出口中，使用路由器实现校园网和互联网的互连互通，需要配置出口路由器的接口信息，产生直连的路由，作为其他路由生成的基础。现要求配置校园网中的出口路由器设备，实现两台模拟校园网内网和外网中的测试计算机，通过接口产生的直连路由，就能相互通信的目的。

【技术指导】

3.2.1　认识路由表

路由就是数据的走向。路由信息记录在路由表中，路由表的主要内容是根据目标网段找出数据的下一跳 IP 地址，如图 3-6 所示。

```
Ruijie#show ip route

Codes:  C - connected, S - static, R - RIP, B - BGP
        O - OSPF, IA - OSPF inter area
        N1 - OSPF NSSA external type 1, N2 - OSPF NSSA external type 2
        E1 - OSPF external type 1, E2 - OSPF external type 2
        i - IS-IS, su - IS-IS summary, L1 - IS-IS level-1, L2 - IS-IS level-2
        ia - IS-IS inter area, * - candidate default

Gateway of last resort is 192.168.250.1 to network 0.0.0.0
S    172.16.2.0/24 [1/0] via 192.168.250.1
O    192.168.1.0/24 [110/2] via 192.168.250.1, 00:01:53, GigabitEthernet 0/24
R    192.168.3.0/24 [120/1] via 192.168.250.1, 00:02:07, GigabitEthernet 0/24
C    192.168.250.0/30 is directly connected, GigabitEthernet 0/24
C    192.168.250.2/32 is local host.
```

图 3-6　路由表信息

路由表的开头是对字母缩写的解释，主要是为了方便描述路由的来源。

其中，"Gateway of last resort"说明存在默认路由，以及该路由的来源和网段。如果一个网络被划分为若干个子网，则在每个子网路由的前面一行，说明了该网络已划分子网及子网数量。一般一条路由显示一行，如果太长可能分为多行。从左到右路由表项每个字段的意义如下所述。

（1）路由来源：每个路由表项的第一个字段，表示该路由的来源，如"C"代表直连路由，"S"代表静态路由，"*"代表该路由为默认路由。

（2）目标网段：包括网络前缀和掩码说明，如 172.22.0.0/16。网络掩码显示格式有三种：

第一种以掩码的比特位数来显示，如/24 表示掩码为 32 位比特中前面 24 位为"1"、后面 8 位为"0"的数值；第二种以十进制方式显示，如 255.255.255.0；第三种以十六进制方式显示，如 0xFFFFFF00。默认情况为第一种显示格式。

（3）管理距离/度量值。其中，管理距离代表该路由来源的可信度，不同的路由来源该值不一样，如表 3-1 所示。

表 3-1　路由器管理距离对照表

路　由　来　源	默认管理距离值
直连网络	0
静态路由	1
EIGRP 汇总路由	5
内部 EIGRP 路由	90
OSPF 路由	110
RIP 路由	120
外部 EIGRP 路由	170
不可达路由	255

而度量值代表该路由的花费，度量值越小，这条路径越佳。然而，不同的路由协议定义路径距离的方法是不一样的，所以，不同的路由协议选择出的最佳距离可能是不一样的。度量值可以基于路由的某一个特征，也可以把多个特征结合在一起计算。

以下是路由器的常用度量值。

- 带宽（Band Width）：链路的数据承载能力。
- 延迟（Delay）：数据包从源端到达目的端需要的时间。
- 负载（Load）：链路上的数据量的大小。
- 可靠性（Reliability）：链路上数据的差错率。
- 跳数（Hops）：数据包到达目的端必须经过的路由器个数。
- 滴答数（Ticks）：也是链路上数据的延迟，以 1/18 秒数为单位进行表示。
- 开销（Cost）：链路上的费用。

路由表中显示的路由均为最优路由，即管理距离和度量值都最小。两条到同一目标网段来源不同的路由，要记录到路由表中之前，需要进行比较。首先要比较管理距离，取管理距离小的路由；如果管理距离相同，就比较度量值；如果度量值也一样则将记录多条路由。

（4）下一跳 IP 地址：说明该路由的下一个转发路由器。路由表使用存活时间说明该路由存在的时间长短，以"时：分：秒"方式显示，只有动态路由学到的路由才有该字段。

（5）下一跳接口：说明符合该路由的 IP 包，将往该接口发送出去。

3.2.2　了解直连路由

路由器在转发数据包时，要先在路由表中查找相应的路由，才能知道数据包应该从哪个接口转发出去。那么，路由器是如何建立路由表的呢？基本上有以下三种途径。

- 直连网络：路由器自动添加和自己直接连接的网络路由。
- 静态路由：管理员手动输入到路由器的路由。

- 动态路由：由路由协议动态建立的路由。

路由器学习路由信息、生成并维护路由表的方法可分为以下两种途径。

- 直连路由：路由器接口所连接的子网的路由方式。
- 非直连路由：通过路由协议从别的路由器学到的路由。非直连路由分为静态路由和动态路由。

直连路由是由链路层协议发现的，一般指去往路由器的接口地址所在网段的路径，该路径信息不需要网络管理员维护，也不需要路由器通过某种算法进行计算获得，只要该接口处于活动状态，路由器就会把通向该网段的路由信息填写到路由表中去。直连路由无法使路由器获取与其不直接相连的路由信息。

直连路由产生的条件有两个：一是接口配置 IP 地址与掩码；二是接口处于活动状态。在实际网络中，同一路由器不同接口之间相互通信使用的就是直连路由。

【任务实施】配置直连路由

【任务规划】

在如图 3-7 所示的北京某小学的校园网的网络出口中，使用路由器实现校园网和互联网的互连互通，需要配置出口路由器的接口信息，产生直连的路由。路由器 Fa0/1 口和 Fa0/2 口分别连接两台模拟校园网内网和外网中的测试计算机。其中，模拟校园网内网中测试计算机 PC1 的 IP 地址是 192.168.1.1/24；模拟校园网外网中测试计算机 PC2 的 IP 地址为 192.168.2.2/24。出口路由器 Router 的 Fa0/1 口的 IP 地址为 192.168.1.2/24，Fa0/2 口的 IP 地址为 192.168.2.1/24。现要求配置该路由器，实现两台计算机能相互通信的目的。

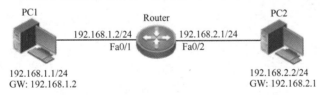

图 3-7　某小学校园网中网络出口路由互连场景

【实施过程】

该任务的详细配置步骤如下。

（1）按照拓扑图完成组网。

按照拓扑图完成网络场景组建。如果有相应接口变化，则修改接口名称，配置信息没有变化。

（2）配置出口路由器 Router 的接口 IP 地址。

```
Ruijie>enable                                          ！进入特权模式
Ruijie#configure terminal                              ！进入全局配置模式
Ruijie(config)#hostname Router
Router(config)#int fa0/1
Router(config-if-FastEthernet 0/1)#ip address 192.168.1.2 255.255.255.0
Router(config-if-FastEthernet 0/1)#exit
Router(config)#int fa0/2
```

```
Router(config-if-FastEthernet 0/2)#ip address 192.168.2.1 255.255.255.0
Router(config-if-FastEthernet 0/2)#end
Router#
```

（3）配置测试计算机的 IP 地址和网关。

首先，在测试计算机 PC1 上，配置 IP 地址、子网掩码及默认网关，如图 3-8 所示。

然后，在测试计算机 PC2 上，配置 IP 地址、子网掩码及默认网关，如图 3-9 所示。

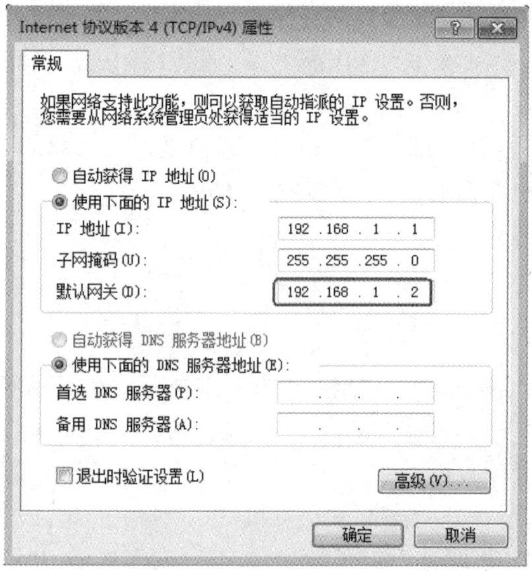

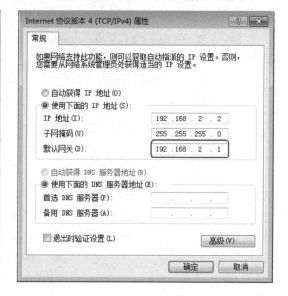

图 3-8　配置 PC1 的 IP 地址　　　　　　　图 3-9　配置 PC2 的 IP 地址

（4）验证测试。

打开测试计算机 PC1 和 PC2，使用"开始"→"运行"→"CMD"命令，转到 DOS 命令操作状态，使用 Ping 命令检查网络连通情况，能够互相 Ping 通。限于篇幅，此处省略。

登录路由器设备，查看路由表，直连路由示例如图 3-10 所示。

```
Router#show ip route
            Codes:  C - connected, S - static, R - RIP, B - BGP
                    O - OSPF, IA - OSPF inter area
                    N1 - OSPF NSSA external type 1, N2 - OSPF NSSA external type 2
                    E1 - OSPF external type 1, E2 - OSPF external type 2
                    i - IS-IS, su - IS-IS summary, L1 - IS-IS level-1, L2 - IS-IS level-2
                    ia - IS-IS inter area, * - candidate default

            Gateway of last resort is no set
            C    192.168.1.0/24 is directly connected, FastEthernet 0/1
            C    192.168.1.2/32 is local host.
            C    192.168.2.0/24 is directly connected, FastEthernet 0/2
            C    192.168.2.1/32 is local host.
```

图 3-10　直连路由示例

3.3 任务 3　配置静态路由

【任务描述】

在北京某小学的校园网的网络出口中，使用路由器实现校园网和互联网的互连互通，需要配置出口路由器的接口信息，产生直连的路由，作为其他路由生成的基础。

通过安装的多台路由器，分别模拟校园网出口路由器、电信接入路由器和互联网中路由器，需要在路由器上配置静态路由，指向外部的互联网，实现校园网直接访问互联网。通过配置静态路由，实现校园网和外部互联网通信。

【技术指导】

3.3.1　掌握静态路由

1. 静态路由概述

静态路由是指由管理员手工配置的路由信息。当网络的拓扑结构或链路的状态发生变化时，管理员需要手工去修改路由表中相关的静态路由信息。

静态路由信息不会传递给其他的路由器。静态路由既然是由管理员输入到路由器的，那么，当网络拓扑发生变化而需要改变路由时，管理员就必须手工改变路由信息，这就是静态路由的缺点，不能动态地反映网络拓扑。

然而，静态路由也有它的应用场合，静态路由不会占用路由器的 CPU 和 RAM，也不占用线路的带宽。而动态路由会在路由器之间发送路由更新信息，这些信息占用了线路的带宽。同时，由于路由器必须对这些路由更新信息进行处理，增加了 CPU 的运算量，也增加了 RAM 的开销。

2. 静态路由的特点

使用静态路由还有另外一些原因，动态路由协议会在路由器之间交换路由信息，不可避免地会把网络拓扑暴露出去。如果出于安全的考虑想隐藏网络的某些部分，可以使用静态路由。在一个小而简单的网络中，也常使用静态路由，因为配置静态路由会更为简洁。

其中，静态路由具有的优点如下：
- 节省资源。设备间无须发送路由报文。
- 安全性高。设备默认不会把自身的静态路由告诉其他设备。
- 在小型网络中配置简单，易于维护。

静态路由的缺点如下：
- 在大型网络中配置复杂。
- 无法自动感知拓扑变化。

静态路由一般适用于比较简单的网络环境，在这样的环境中，网络管理员可以清楚地了解网络的拓扑结构，便于设置正确的路由信息。

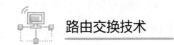

3. 配置静态路由的方法

静态路由就是手工配置的路由，使得到指定目标网络的数据包的传送按照预定的路径进行。当软件不能学到一些目标网络的路由时，配置静态路由就会显得十分重要。给所有没有确切路由的数据包配置一个默认的静态路由，也是一种通常的做法。

静态路由的基本配置就是告诉路由器，如果数据要到 A 网段，就把数据给 IP 地址 B 对应的设备即可。配置静态路由的命令如下：

Router(config)#ip route network-id netmask next-hop-ip/Interface-number Distance

其中，各项参数介绍如下：
- network-id：目的网络或子网。
- netmask：子网掩码。
- next-hop-ip：下一跳路由器的 IP 地址。
- Interface-type：用来访问目的网络接口的类型名称。
- Interface-number：接口号。
- Distance：一个可选参数，用来定义管理距离。

3.3.2 认识默认路由

不是所有的路由器都有一张完整的全网路由表的，为了使每台路由器能够处理所有包的路由转发，通常的做法是功能强大的网络核心路由器具有完整的路由表，其余的路由器将默认路由指向核心路由器。默认路由可以通过动态路由协议进行传播，也可以在每台路由器上进行手工配置默认路由。

1. 什么是默认路由

默认路由是一种特殊的静态路由，简单地说，默认路由就是将静态路由的目的网段和掩码都配置为全 0，表示无论数据包的目的 IP 地址是什么，都会将数据发到下一跳 IP 地址对应的设备。按最长掩码匹配原则，默认路由是最后一步才匹配的路由条目，位于路由表的末尾。

通常表示的默认路由是：当路由表中没有和包的目的地址能匹配的表项时，路由器能够做出的选择。如果没有默认路由，那么，目的地址在路由表中没有匹配表项的包，都将被丢弃。

默认路由在某些时候，会大大简化路由器的配置，减轻管理员的工作负担，提高网络性能。默认路由一般应用在单出口的网络中，如在校园网中只有一个因特网出口。此时，无论是访问哪个运营商服务器，都只能从该出口发送数据。因此，可以在出口部署默认路由。

2. 配置默认路由

手工配置默认路由的命令如下：

Router(config)#ip route 0.0.0.0 0.0.0.0 *next-hop-ip*

在普通的 PC 上，一般除了配置 IP 地址及子网掩码，在跨网段访问时还需要配置网关，如图 3-11 所示。所谓网关，一般就是一个和 PC 的 IP 地址在同一网段的 IP 地址，表示当这台 PC 向其他网段发送数据时，只将数据发给网关对应的设备即可。可以得出，网关就是默认路由的下一跳 IP 地址。

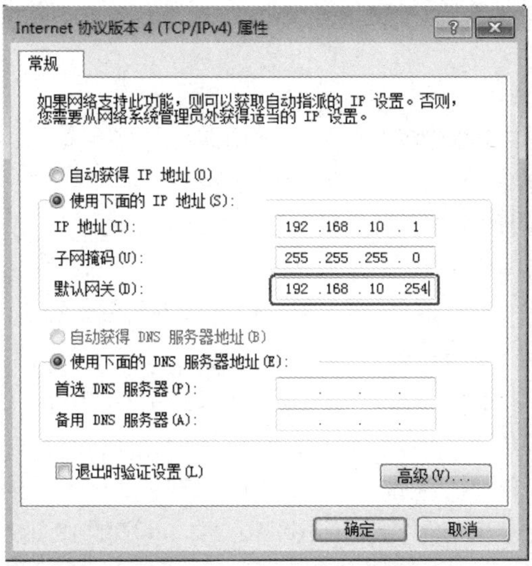

图 3-11　计算机上的网关路由配置方法

在二层交换机上也可以配置网关。二层交换机上面的网关不是为下连用户上网提供服务的，而是为二层交换机跨网段通信提供服务的。

二层交换机配置网关的命令如下：

Switch(config)#ip default-gateway *gateway*

3．监视和维护 IP 网络

可以删除一些特定缓冲、表、数据库的全部内容，也可以显示指定的网络状态。监视和维护 IP 网络的内容包括两个方面：一是清除 IP 路由表；二是显示系统和网络统计量。

（1）清除 IP 路由表。

路由表的更新是靠路由协议自动维护的，但有时可能觉得路由表中存在无效路由，或者一些特殊的配置要求执行该动作来体现最新的变化，这时，需要手工清除 IP 路由表以刷新路由表。要清除 IP 路由表，在命令执行模式中执行如下命令：

Router#clear ip route {network [mask] | *}　　！清除 IP 路由表

注意：执行清除 IP 路由表时一定要非常谨慎，因为该动作的结果会造成网络临时中断。能通过清除部分路由达到目标，就尽量不要清除全部的路由。

（2）显示系统和网络统计量

可以显示 IP 路由表、缓冲、数据库的所有内容，通过这些信息对网络故障的排除十分有帮助。通过显示本地设备网络的可达到性，知道数据包在离开本设备后将往哪条路径发送。

要显示系统和网络统计量，在命令执行模式中执行如下命令：

Router#show ip route [network [mask] [longer-prefixes]] [protocol [process-id]]
!显示 IP 路由表当前状态
Router#show ip route summary　　　　　!显示 IP 路由表当前状态的摘要

【任务实施】配置静态路由

【任务规划】

在北京某小学的校园网的网络出口中，使用路由器实现校园网和互联网的互连互通，需要配置出口路由器的接口信息，产生直连的路由，作为其他路由生成的基础。通过安装的多台路由器，分别模拟校园网出口路由器、电信接入路由器和互联网中路由器。

如图 3-12 所示，模拟内网的测试计算机 PC1 连到 Router1 的 Fa0/0 口，Router1 的 Fa0/1 口连到 Router2 的 Fa0/0 口，Router2 的 Fa0/1 口连到 Router3 的 Fa0/0 口，Router3 的 Fa0/1 口连到模拟外网的测试计算机 PC2。

PC1 的 IP 地址为 192.168.1.1/24，网关为 192.168.1.2；Router1 的 Fa0/0 口的 IP 地址为 192.168.1.2/24，Fa0/1 口的 IP 地址为 192.168.2.1/24；Router2 的 Fa0/0 口的 IP 地址为 192.168.2.2/24，Fa0/1 口的 IP 地址为 192.168.3.1/24；Router3 的 Fa0/0 口的 IP 地址为 192.168.3.2/24，Fa0/1 口的 IP 地址为 192.168.4.1/24；PC2 的 IP 地址为 192.168.4.2/24。

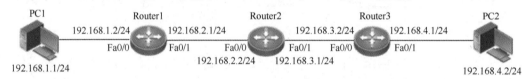

图 3-12　静态路由网络拓扑

需要在路由器上配置静态路由，指向外部的互联网，实现校园网直接访问互联网。

【实施过程】

该任务的详细配置步骤如下。

（1）按照拓扑图完成组网。

按照拓扑图完成网络场景组建。如果有相应接口变化，则修改接口名称，配置信息没有变化。

（2）配置路由器的基本地址信息。

① 模拟出口路由器的 Router1 配置如下：

```
Router >enable
Router#config terminal
Router(config)#hostname Router1
Router1(config)#int fa0/0
Router1(config-if-FastEthernet 0/0)#ip address 192.168.1.2 255.255.255.0
Router1(config-if-FastEthernet 0/0)#exit
Router1(config)#int fa0/1
Router1(config-if-FastEthernet 0/1)#ip address 192.168.2.1 255.255.255.0
Router1(config-if-FastEthernet 0/1)#exit
Router1(config)#
```

② 模拟电信路由器的 Router2 配置如下：

```
Router >enable
Router#config terminal
Router(config)#hostname Router2
Router2(config)#int fa0/0
Router2(config-if-FastEthernet 0/0)#ip address 192.168.2.2 255.255.255.0
Router2(config-if-FastEthernet 0/0)#exi
Router2(config)#int fa0/1
Router2(config-if-FastEthernet 0/1)#ip address 192.168.3.1 255.255.255.0
Router2(config-if-FastEthernet 0/1)#exit
Router2(config)#
```

③ 模拟互联网中路由器的 Router3 配置如下：

```
Router >enable
Router#config terminal
Router(config)#hostname Router3
Router3(config)#int fa0/0
Router3(config-if-FastEthernet 0/0)#ip address 192.168.3.2 255.255.255.0
Router3(config-if-FastEthernet 0/0)#exit
Router3(config)#int fa0/1
Router3(config-if-FastEthernet 0/1)#ip address 192.168.4.1 255.255.255.0
Router3(config-if-FastEthernet 0/1)#exit
Router3(config)#
```

（3）配置全网的静态路由。

① Router1 路由器的静态路由配置如下：

```
Router1(config)#ip route 192.168.4.0 255.255.255.0 192.168.2.2
```

② Router2 路由器的静态路由配置如下：

```
Router2(config)#ip route 192.168.4.0 255.255.255.0 192.168.3.2
Router2(config)#ip route 192.168.1.0 255.255.255.0 192.168.2.1
```

③ Router3 路由器的静态路由配置如下：

```
Router3(config)#ip route 192.168.1.0 255.255.255.0 192.168.3.1
```

> 备注：配置静态路由需要双向考虑。

（4）PC1 和 PC2 配置 IP 地址和网关。

PC1 和 PC2 配置 IP 地址和网关的过程见本章任务 2。限于篇幅，此处省略。

（5）验证测试。

打开测试计算机 PC1 和 PC2，使用"开始"→"运行"→"CMD"命令，转到 DOS 命令操作状态，使用 Ping 命令检查网络连通情况。

测试结果：PC1 可以 Ping 通 PC2，但 PC1 不能 Ping 通 192.168.3.2。限于篇幅，此处省略。

虽然 PC1 和 PC2 通信经过 192.168.3.2，如果想让 PC1 能 Ping 通 192.168.3.2，就需要

配置静态路由信息。

登录路由器设备，查看静态路由表，如图 3-13 所示，可见缺少路由信息。

Router#show ip route

```
router1#show ip route

Codes:  C - connected, S - static, R - RIP, B - BGP
        O - OSPF, IA - OSPF inter area
        N1 - OSPF NSSA external type 1, N2 - OSPF NSSA external type 2
        E1 - OSPF external type 1, E2 - OSPF external type 2
        i - IS-IS, su - IS-IS summary, L1 - IS-IS level-1, L2 - IS-IS level-2
        ia - IS-IS inter area, * - candidate default

Gateway of last resort is no set
C    192.168.1.0/24 is directly connected, FastEthernet 0/0
C    192.168.1.2/32 is local host.
C    192.168.2.0/24 is directly connected, FastEthernet 0/1
C    192.168.2.1/32 is local host.
S    192.168.4.0/24 [1/0] via 192.168.2.2
```

图 3-13　静态路由表

（6）配置默认路由。

配置静态路由，实现全网路由互通。也可以将 Router1 和 Router3 的静态路由直接改为默认路由，具体配置过程如下。

① Router1 路由器配置如下：

Router1(config)#ip route 0.0.0.0 0.0.0.0 192.168.2.2

② Router3 路由器配置如下：

Router3(config)#ip route 0.0.0.0 0.0.0.0 192.168.3.1

登录路由器设备，查看默认路由表，如图 3-14 所示，该路由表具有全网的路由信息，能实现全网互连互通。

```
router1#show ip route

Codes:  C - connected, S - static, R - RIP, B - BGP
        O - OSPF, IA - OSPF inter area
        N1 - OSPF NSSA external type 1, N2 - OSPF NSSA external type 2
        E1 - OSPF external type 1, E2 - OSPF external type 2
        i - IS-IS, su - IS-IS summary, L1 - IS-IS level-1, L2 - IS-IS level-2
        ia - IS-IS inter area, * - candidate default

Gateway of last resort is no set
C    192.168.1.0/24 is directly connected, FastEthernet 0/0
C    192.168.1.2/32 is local host.
C    192.168.2.0/24 is directly connected, FastEthernet 0/1
C    192.168.2.1/32 is local host.
S*   0.0.0.0/0 [1/0] via 192.168.2.2
```

图 3-14　默认路由表

■ 【认证测试】

下列每道试题都有多个答案选项，请选择一个最佳的答案。

1. 如果某路由器到达目的网络有三种方式：通过 RIP、通过静态路由、通过默认路由，那么路由器会根据哪种方式进行数据包转发呢？（　　　）

　　A．通过 RIP　　　　　B．通过静态路由　　　C．通过默认路由　　　D．都可以

2. 是动态路由协议的开销大，还是静态路由的开销大？（　　　）

    A．静态路由　　　　　　B．动态路由　　　　　　C．开销一样大

3. 所谓路由协议的最根本特征是（　　　）。

    A．向不同网络转发数据　　　　　　　　　　B．向相同网络转发数据

    C．向网络边缘转发数据

4. 默认路由是（　　　）。

    A．一种静态路由

    B．所有非路由数据包在此进行转发

    C．最后求助的网关

    D．以上都是

5. 静态路由协议的默认管理距离是（　　　），RIP 路由协议的默认管理距离是（　　　）。

    A．1、140　　　　　B．1、120　　　　　C．2、140　　　　　D．2、120

6. 在路由表中 0.0.0.0 代表的是（　　　）。

    A．静态路由　　　　　　　　　　　　　　　　B．动态路由

    C．默认路由　　　　　　　　　　　　　　　　D．RIP 路由

7. 路由协议中的管理距离，是告诉这条路由的（　　　）。

    A．可信度的等级　　　　　　　　　　　　　　B．路由信息的等级

    C．传输距离的远近　　　　　　　　　　　　　D．线路的好坏

8. 静态路由配置命令 ip route 不包含下列哪个参数？（　　　）

    A．目的网段及掩码　　　　　　　　　　　　　B．本地接口

    C．下一跳路由器的 IP 地址　　　　　　　　　D．下一跳路由器的 MAC 地址

9. 静态路由默认的管理代价为（　　　）。

    A．10　　　　　　　B．0　　　　　　　　C．100　　　　　　　D．1

10. 在 TCP/IP 网络中，传输层用什么进行寻址？（　　　）

    A．MAC 地址　　　　B．IP 地址　　　　　C．端口号　　　　　D．主机名

11. 当要配置路由器的接口地址时应采用以下哪个命令？（　　　）

    A．ip address 1.1.1.1 netmask 255.0.0.0

    B．ip address 1.1.1.1/24

    C．set ip address 1.1.1.1 subnetmask 24

    D．ip address 1.1.1.1 255.255.255.248

12. 一个 TCP/IP 的 B 类地址默认子网掩码是（　　　）。

    A．255.255.0.0　　　　B．/8　　　　　　C．255.255.255.0　　　D．/24

13. 请说出 OSI 七层参考模型中哪一层负责建立端到端的连接。（　　　）

    A．应用层　　　　　　B．会话层　　　　　C．传输层　　　　　　D．网络层

14. 路由器设备处理的是（　　　）。

    A．脉冲信号　　　　　B．MAC 帧　　　　　C．IP 包　　　　　　D．ATM 包

15. 在路由器发出的 Ping 命令中，"U" 代表的是（　　　）。

    A．数据包已经丢失　　　　　　　　　　　　　B．遇到网络拥塞现象

    C．目的地不能到达　　　　　　　　　　　　　D．成功地接收到一个回送应答

16. 路由器的功能有（　　　）。

    A．路径选择   B．过滤转发

    C．报文的分出与连组   D．地址学习功能

17. 静态路由是（　　　）。

    A．手工输入到路由表中且不会被路由协议更新

    B．一旦网络发生变化就会被重新计算更新

    C．路由器出厂时就已经配置好的

    D．通过其他路由协议学习到的

18. 请说出划分 IP 子网的主要好处。（　　　）

    A．可以隔离广播流量

    B．可减少网管人员分配 IP 地址的工作量

    C．可增加网络中的主机数量

    D．可有效地使用 IP 地址

19. 下列哪一个是传输层的协议？（　　　）

    A．LLC   B．IP   C．SQL   D．UDP

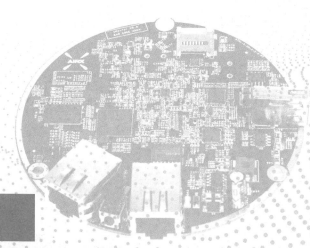

第 4 章
配置三层交换实现交换网互连

▓【项目描述】

北京某小学打算以教育信息化为突破口，推进数字化教育在基础教育中发挥重要作用，建设以校园网络为核心、多媒体教室为基础，实施班班通的数字化校园网建设方案。二期建设完成该小学校园网如图 4-1 所示，采用双核心的三层架构部署，使用高性能的三层交换机连接，保障网络的稳定性。

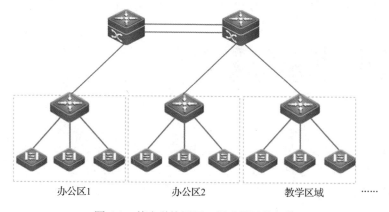

图 4-1 某小学校园网二期建设网络拓扑

▓【学习目标】

本项目通过 2 个任务的学习，帮助学生了解三层交换机的设备，熟悉三层交换组网技术，实现以下目标。

1. 知识目标

（1）了解三层交换机设备，熟悉三层交换知识。
（2）掌握三层交换的路由技术。

2. 技能目标

（1）掌握交换机 SVI 技术的配置。
（2）掌握三层交换机路由技术的配置。

3. 素养目标

（1）学会整理知识笔记，按照标准格式制作实训报告。
（2）能保持工作环境干净，实现物料放置地整洁，遵守 6S 现场管理标准。
（3）学会和同伴友好沟通，建立友好的团队合作关系。
（4）在实训现场具有良好的安全意识，懂得安全操作知识，严格按照安全标准流程操作。

【素质拓展】

欲穷千里目，更上一层楼。——《登鹳雀楼》

想要看到千里之外的风光，那就要再登上更高的一层楼。而我们在第三章中学习了路由器之后，本章将基于路由基础，进一步讲解三层交换机的 SVI 技术、单臂路由，以及三层交换机的直连路由、静态路由和 DHCP 技术。

在学习和生活中，要想看到无穷无尽的美丽景色，应当再登上一层楼；要想取得更大的成功，就要付出更多的努力；要想在某一个问题上有所突破，就需要从一个更高的角度审视它，只有积极向上才能高瞻远瞩。

【项目实践】

4.1 任务 1　配置三层交换机

【任务描述】

北京某小学教学楼上安装了一台汇聚交换机，该交换机下连接有一台接入交换机。目前，在接入交换机上划分有两个部门，分别对应不同的 VLAN。由于安全需要，要把不同部门用户接到不同的 VLAN 中。现在需要使用三层交换机通过 SVI 技术实现两个部门之间的通信。

【技术指导】

4.1.1　了解三层交换技术

在计算机网络中常说的第三层，指的是 OSI 参考模型中的网络层。

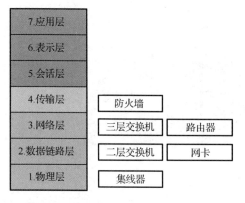

图 4-2　网络互连设备和 OSI 分层模型对应关系

OSI 网络体系结构分层模型是计算机网络参考分层的典范，该模型简化了两台计算机进行通信所要执行的任务，细分了每层都具有的特定的功能。OSI 模型定义了这些层之间的交互关系，并依次定义了各个网络中设备的角色，从而决定了这些设备如何实现网络之间的通信过程。

为了充分认识第三层交换，在此有必要对三层交换机设备，对照 OSI 模型中功能进行描述。如图 4-2 所示，网络互连设备（如集线器、二层交换机、路由器和三层交换机）在传统上按 OSI 分层模型对应的功能进行了介绍。

1．集线器（第一层）

集线器是工作在物理层的设备，其不能区别信号中携带的信息，只能使用广播方式实现通信。

2．二层交换机（第二层）

交换机是数据链路层设备，能识别信号中携带的 MAC 物理地址信息，能按照学习到的地址信息有针对性地通信，只有在无法找到目标地址时，才使用广播的方式进行通信。此外，交换机在每个端口提供一个独特的网络段，从而分离了冲突域。

3．三层交换机（第三层）

三层交换机也是工作在网络层的设备，具有和路由器一样的功能，可部署在需使用路由器的任何网络区域内。三层交换机在工作中，使用硬件制作 ASIC 芯片来解析传输信号。通过使用先进的 ASIC 芯片，三层交换机可提供远高于基于软件的传统路由器的性能，如每秒 4000 万个数据包（三层交换机）比对每秒 30 万个数据包（路由器）。

三层交换机为千兆网络这样的带宽密集型架构网络提供所需的路由性能，因此三层交换机部署在网络中具有更高的战略意义，可提供远高于传统路由器的性能，非常适合在网络带宽密集型以太网工作环境中应用。

4.1.2　认识三层交换机

三层交换机就是具有部分路由器功能的交换机，其最重要的目的是加快大型局域网内部的数据交换，所具有的路由功能也是为该目的服务的，能够做到一次路由、多次转发。对于数据包转发等规律性的过程由硬件来高速实现，而像路由信息更新、路由表维护、路由计算、路由确定等功能则由软件来实现。

三层交换技术就是二层交换技术加上三层转发技术。传统交换技术是在 OSI 网络标准模型的数据链路层进行操作的，而三层交换技术则是在网络模型中的网络层实现了数据包的高速转发，既可实现网络路由功能，又可根据不同网络状况做到最优网络性能。

如图 4-3 所示的 S3760E 系列交换机为三层交换机，三层交换机和二层交换机的物理形态非常类似。对于交换机来说，名称以 2 开头的交换机属于二层交换机，如 RG-S2628G-E；名称以 2 以上的数字开头的交换机包含了三层交换机的功能。三层交换机中包含路由表。

图 4-3　S3760E 系列交换机

通常情况下，三层交换机可以完成二层交换机的大多数功能，如配置虚拟局域网、生成树、链路聚合等。同时，也可以实现路由器的大多数功能，如配置静态路由协议和大部分动态路由协议。在校园网中，核心交换机和汇聚交换机一般都使用三层交换机。一些银行用户也喜欢使用三层交换机。

4.1.3　了解三层交换机路由

三层交换机上的路由功能默认是开启的，也可以用 no ip routing 命令关闭。

在三层交换机上，可以用两种方式配置路由口，一种是通过命令开启三层交换机接口的路由功能（默认是关闭的），然后在接口上配置 IP 地址。需要注意的是，在接口的三层路由功能开启前，是无法配置 IP 地址的。另一种是采用 SVI 的方式给 VLAN 配置 IP 地址，SVI 是交换虚拟接口的意思，可以理解为给 VLAN 配置 IP 地址后，在三层交换机机上生成一个虚拟接口，此接口具有路由功能。

利用三层交换机的路由功能，可以实现 VLAN 间路由，方法有以下两种。

第一种方法是将每个 VLAN 都连接到三层交换机的一个接口上，开启此接口的三层功能，配置 IP 地址。但通常不采用此方法。

第二种方法是在三层交换机上创建每个 VLAN 的 SVI，即在三层交换机上创建多个 VLAN，并且给每个 VLAN 配置 IP 地址，然后，在三层交换机和二层交换机之间用 Trunk 口连接。这两种方式都可以实现 VLAN 间的路由。

三层交换机和路由器相连同样有两种方式。一种方式是开启三层交换机接口的三层功能，在三层接口上配置 IP 地址，通过三层接口连接路由器；另一种方式是通过 SVI 的方式连接路由器，具体方法是将接口加入某个 VLAN，给此 VLAN 配置 IP 地址，将此物理接口和路由器相连。在三层交换机上也可以配置 RIP 和 OSPF 路由协议，其配置方法和路由器配置路由协议的方法类似，需要注意的是，在三层交换机上配置 RIPv2 时，没有关闭路由自动汇总的命令。

4.1.4　了解 SVI 技术

1. 了解交换机接口类型

三层交换机接口分为两大类：二层接口和三层接口（三层设备支持）。

（1）二层接口类型。

二层接口类型分为 Switch Port 及 L2 Aggregate Port。

Switch Port 由设备上的单个物理接口构成，只有二层交换功能。该接口可以是一个 Access Port 或一个 Trunk Port，通过 Switch Port 接口配置命令，把一个接口配置为一个 Access Port 或者 Trunk Port。Switch Port 用于管理物理接口和与之相关的第二层协议，但不处理路由和桥接。

L2 Aggregate Port 由多个物理成员接口汇聚而成，可以把多个物理链接捆绑在一起，形成一个简单的逻辑链接，这个逻辑链接被称为 Aggregate Port（简称 AP）。

对于二层交换来说，AP 就好像一个高带宽的 Switch Port，可以把多个接口带宽叠加起来使用，扩展链路带宽。此外，通过 L2 Aggregate Port 发送的帧，还将在 L2 Aggregate Port 的成员接口上进行流量平衡，如果 AP 中的一条成员链路失效，L2 Aggregate Port 就会自动将这个链路上的流量转移到其他有效的成员链路上，提高了连接可靠性。

（2）三层接口类型。

三层接口的类型分为 SVI（Switch Virtual Interface）、Routed Port 及 L3 Aggregate Port 三种类型。

● SVI（交换虚拟接口）。

SVI 是交换虚拟接口，是用来实现三层交换的逻辑接口。SVI 可以为本机管理接口，管理员可通过该管理接口来管理设备。也可以创建 SVI 为一个网关接口，相当于是对应各个 VLAN 的虚拟子接口，可用于三层设备间跨 VLAN 之间的路由。

创建一个 SVI 很简单，可以通过 interface vlan 接口配置命令来创建 SVI，然后，给 SVI 分配 IP 地址来建立 VLAN 之间的路由。

● Routed Port（三层路由口）。

Routed Port 是一个物理接口，就如同三层设备上的一个接口，能用三层路由协议进行配置。在三层设备上，可以把单个物理接口设置为 Routed Port，作为三层交换的网关接口。一个 Routed Port 与一个特定 VLAN 没有关系，而是作为一个访问端口。

Routed Port 不具备二层交换功能。通过 no switchport 命令，可以将一个二层接口 Switch Port 转变为 Routed Port，然后，给 Routed Port 分配 IP 地址来建立路由。

需要注意的是，当使用 no switchport 接口配置命令时，该接口将关闭并重启，这将删除该接口的所有二层特性。

● L3 Aggregate Port（三层聚合端口）。

L3 Aggregate Port 同 L2 Aggregate Port 一样，也是由多个物理成员接口汇聚成一个逻辑上的聚合端口组。聚合端口必须为同类型三层接口。对于三层交换来说，AP 作为三层交换网关接口，它相当于把同一聚合组内的多条物理链路视为一条逻辑链路，是链路带宽扩展的一个重要途径。

此外，通过 L3 Aggregate Port 发送帧，同样能在 L3 Aggregate Port 的成员端口上进行流量平衡，当 AP 中一条成员链路失效后，L3 Aggregate Port 会自动将这个链路上的流量转移到其他有效的成员链路上，提高了连接的可靠性。

L3 Aggregate Port 不具备二层交换功能。可以通过 no switchport 命令将一个无成员二层接口 L2 Aggregate Port 转变为 L3 Aggregate Port，接着将多个 Routed Port 加入此 L3 Aggregate Port，然后给 L3 Aggregate Port 分配 IP 地址来建立路由。

2. 配置虚拟交换接口

三层交换机有三层功能，可以同时创建多个 IP 地址。但交换机接口默认是二层接口。所以无法直接在接口上配置 IP 地址。

如果需要对接口配置 IP 地址，常用的方法有两种：一是使用路由口；二是使用 SVI。

路由口方式是指将三层交换机的二层接口转变成三层接口，这样就可以给接口配置 IP 地址，配置命令如下：

```
Switch(config)#interface interface-id          ! 进入接口
Switch(config-if-FastEthernet 0/1)#no switchport
                                  ! 将接口配置成路由口
Switch(config-if-FastEthernet 0/1)#ip address ip-address netmask
                                  ! 配置 IP 地址和掩码
```

需要注意，路由口为三层接口，不能将它们配置为 Access 或 Trunk 等类型的接口。SVI 指交换机 VLAN 对应接口，为该接口配置 IP 地址，再将 VLAN 与物理接口关联。

```
Switch(config)#vlan vlan-id               ! 创建 VLAN
Switch(config-vlan)#exit                  ! 进入全局模式
Switch(config)#int vlan vlan-id           ! 创建 SVI
Switch(config-if-FastEthernet 0/1)#ip address ip-address netmask
                                  ! 为 SVI 配置 IP 地址及掩码
Switch(config-if-FastEthernet 0/1)#exit   ! 进入全局模式
Switch(config)#interface interface-id     ! 进入物理接口
Switch(config-if-FastEthernet 0/1)#Switchport access vlan vlan-id
                                  ! 将物理接口加入 VLAN
```

在交换机上配置 SVI 可以将交换机的多个 Access 口或 Trunk 口都加入该 VLAN，这时这些口都可以使用该 IP 地址。如果在交换机上创建了多个 SVI，并都配置了 IP 地址，则交换机的 Trunk 口可以使用多个地址，但需要注意干道打标签问题。

在校园网中，一般情况下会在汇聚交换机上通过 SVI 方式配置 IP 地址，充当用户和接入层交换机的网关，这样更加灵活。而在汇聚与核心交换机互连时，常使用路由口的方式配置 IP 地址，这样可以防止广播风暴等问题。

4.1.5 了解单臂路由技术

在交换机不同 VLAN 之间的用户无法直接通信，如果想要通信就需要借助三层设备。其中，最常见的方式如下。

● 使用三层交换机。在三层交换机上配置 IP 地址，这些 IP 地址可以作为用户的网关，通过直连路由进行通信。最常用的方法是通过 SVI 创建 IP 地址。

● 使用路由器。一般通过单臂路由的方式进行通信。

单臂路由是在路由器的物理接口上创建多个子接口，不同的子接口用于转发不同 VLAN 标签的数据帧，从而实现不同 VLAN 之间的通信。

如图 4-4 所示，交换机上配置了 VLAN 10、VLAN 20、VLAN 30 三个 VLAN。每个 VLAN

下包含多个用户。

　　一般每个 VLAN 对应一个网段，如果要让不同 VLAN 之间的用户进行通信，则需要使用路由器来实现。可以把交换机上联口配置成 Trunk 口，在路由器的 Fa0/0 口配置子接口。

　　如图 4-5 所示，将路由器的 Fa0/0 口从逻辑上分成三个接口，称它们为子接口。每个子接口和交换机的一个 VLAN 对应，并为每个子接口配置 IP 地址。这些 IP 地址可以充当用户的网关，用户通过直连路由进行通信。

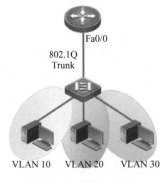

图 4-4　单臂路由示意图

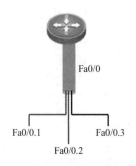

图 4-5　单臂路由子接口

在路由器上，配置单臂路由的命令如下：

```
Router(config)#interface type slot-number/interface-number.subinterface-number
                                                           ! 进入子接口
Router(config-subif)#encapsulation dot1Q VlanID            ! 封装 DOT1Q
Router(config-subif)#ip address ip-address mask            ! 配置 IP 地址及掩码
```

【任务实施】配置交换机 SVI

【任务规划】

　　如图 4-6 所示，学校教学楼的汇聚交换机下有一台接入交换机，目前接入交换机的 Fa0/1 和 Fa0/2 口接入 PC1 和 PC2 两个用户，PC3 和 PC4 连在汇聚交换机 S5750-28GT-L 的 G0/2 和 G0/3 口，接入交换机的 G0/25 口连到汇聚交换机的 G0/1 口。

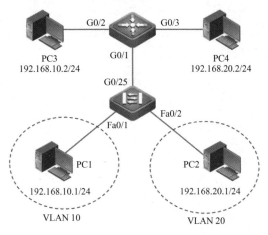

图 4-6　学校教学楼的汇聚交换机网络拓扑

教学楼中有两个部门，由于安全需要把不同部门用户接到不同的 VLAN 中，目前 PC1 和 PC3 在 VLAN 10 中，PC2 和 PC4 在 VLAN 20 中。PC1 的 IP 地址为 192.168.10.1/24，PC2 的 IP 地址为 192.168.20.1/24，PC3 的 IP 地址为 192.168.10.2/24，PC4 的 IP 地址为 192.168.20.2/24。需要使两个部门之间的用户可以通信。

【实施过程】

该任务的详细配置步骤如下。

（1）按照拓扑图完成组网。

按照拓扑图完成网络场景组建。如果有相应接口变化，则修改接口名称，配置信息没有变化。

（2）在交换机上配置基本信息和 VLAN 信息。

① 在三层交换机上的配置信息如下：

```
Switch>enable
Switch#config terminal
Switch(config)#hostname Huiju
Huiju(config)#vlan 10
Huiju(config-vlan)#exit
Huiju(config)#vlan 20
Huiju(config-vlan)#exit

Huiju(config)#int g 0/1
Huiju(config-if-GigabitEthernet 0/1)#Switchport mode trunk
                                        ！将 G0/1 口配置为 Trunk 口
Huiju(config-if-GigabitEthernet 0/1)#swi trunk all vlan remove 1-9,11-19,21-4094
                                        ！对 G0/1 口进行 VLAN 修剪
Huiju(config-if-GigabitEthernet 0/1)#exit

Huiju(config)#int g 0/2
Huiju(config-if-GigabitEthernet 0/2)#Switchport access vlan 10
Huiju(config-if-GigabitEthernet 0/2)#exi

Huiju(config)#int g 0/3
Huiju(config-if-GigabitEthernet 0/3)#Switchport access vlan 20
Huiju(config-if-GigabitEthernet 0/3)#exit
Huiju(config)#
```

备注：在接入交换机上配置多个 VLAN，接入交换机和汇聚交换机使用 Trunk 口互连。

② 在二层交换机上的配置信息如下：

```
Switch>enable
Switch#config terminal
Switch(config)#hostname Jieru
Jieru(config)#vlan 10
Jieru(config-vlan)#exit
Jieru(config)#vlan 20
```

```
Jieru(config-vlan)#exit

Jieru(config)#int f 0/1
Jieru(config-if-FastEthernet 0/1)#Switchport access vlan 10
Jieru(config-if-FastEthernet 0/1)#exit
Jieru(config)#int f 0/2
Jieru(config-if-FastEthernet 0/2)#Switchport access vlan 20
Jieru(config-if-FastEthernet 0/2)#exit

Jieru(config)#int gi 0/25
Jieru(config-if-GigabitEthernet 0/25)#Switchport mode trunk
Jieru(config-if-GigabitEthernet 0/25)#swi trunk all vlan remove 1-9,11-19,21-4094
Jieru(config-if-GigabitEthernet 0/25)#exit
Jieru(config)#
```

（3）配置 PC 计算机的 IP 地址及网关。

按照以下的 IP 地址规划，配置测试计算机的 IP 地址及网关。限于篇幅，配置过程省略。

PC1 上规划的 IP 地址为 192.168.10.1/24，网关为 192.168.10.254。

PC2 上规划的 IP 地址为 192.168.20.1/24，网关为 192.168.20.254。

PC3 上规划的 IP 地址为 192.168.10.2/24，网关为 192.168.10.254。

PC4 上规划的 IP 地址为 192.168.20.2/24，网关为 192.168.20.254。

测试网络的连通性。打开测试计算机 PC1、PC2、PC3、PC4，使用"开始"→"运行"→"CMD"命令，转到 DOS 命令操作状态，使用 Ping 命令检查网络连通情况。

此时，无论网关是否配置，PC1 和 PC3 可以通信，PC2 和 PC4 可以通信。但是，PC1 和 PC3 属于同一个交换机，但属于不同 VLAN，不能通信。PC2 和 PC4 也不能通信。

（4）在三层交换机上配置 SVI 实现不同 VLAN 之间的通信。

```
Huiju(config)#int vlan 10
Huiju(config-if-VLAN 10)#ip address 192.168.10.254 255.255.255.0
                              ！该 SVI 充当 VLAN 10 用户的网关
Huiju(config-if-VLAN 10)#exit

Huiju(config)#int vlan 20
Huiju(config-if-VLAN 20)# ip address 192.168.20.254 255.255.255.0
                              ！该 SVI 充当 VLAN 20 用户的网关
Huiju(config-if-VLAN 20)#exit
Huiju(config)#
```

> 备注：创建 SVI 要先创 VLAN，如果不创建 VLAN 则无法创建 SVI。三层交换机可配置多个 SVI。

（5）测试和验证。

打开测试计算机 PC1、PC2、PC3、PC4，使用"开始"→"运行"→"CMD"命令，转到 DOS 命令操作状态，使用 Ping 命令检查网络连通情况。通过路由，此时，PC1、PC2、PC3、PC4 之间都可以互通。限于篇幅，此处省略。

登录三层交换机设备，如图 4-7 所示，显示三层 SVI 信息。

```
huiju#show ip int b
Interface              IP-Address(Pri)        OK?        Status
VLAN 10                192.168.10.254/24      YES        UP
VLAN 20                192.168.20.254/24      YES        UP
```

图 4-7   三层 SVI 信息

查看接口状态，如图 4-8 与图 4-9 所示。

```
huiju#show int vlan 10
Index(dec):4106 (hex):100a
VLAN 10 is UP  , line protocol is UP
Hardware is   VLAN, address is 1414.4b5d.875e (bia 1414.4b5d.875e)
Interface address is: 192.168.10.254/24
ARP type: ARPA, ARP Timeout: 3600 seconds
   MTU 1500 bytes, BW 1000000 Kbit
   Encapsulation protocol is Ethernet-II, loopback not set
```

```
huiju#show int vlan 20
Index(dec):4116 (hex):1014
VLAN 20 is UP  , line protocol is UP
Hardware is   VLAN, address is 1414.4b5d.875e (bia 1414.4b5d.875e)
Interface address is: 192.168.20.254/24
ARP type: ARPA, ARP Timeout: 3600 seconds
   MTU 1500 bytes, BW 1000000 Kbit
   Encapsulation protocol is Ethernet-II, loopback not set
```

图 4-8   VLAN 10 接口状态   图 4-9   VLAN 20 接口状态

备注：使用 SVI 时要注意接口状态必须为 Up，否则无法正常使用。三层交换机不同 SVI 的 IP 地址不在同一个网段，三层交换机通过虚拟技术使得不同 SVI 的 MAC 地址相同。

【任务实施】配置单臂路由

【任务规划】

如图 4-10 所示，某小学网络中心的三台测试计算机 PC1、PC2、PC3 连在二层交换机上，这三台 PC 作为临时服务器使用，并且需要隶属于不同网段。因此，需要将它们划分到不同 VLAN 中。其中，PC1 在 VLAN 10，PC2 在 VLAN 20，PC3 在 VLAN 30。需要实现这三台模拟服务器的 PC 间能相互通信，临时借用网络中心的一台路由器，使用单臂路由技术实现服务器之间的互连互通。

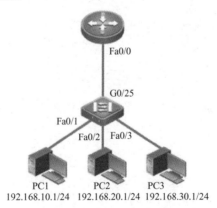

图 4-10   单臂路由技术应用场景

【实施过程】

该任务的详细配置步骤如下。

（1）按照拓扑图完成组网。

按照拓扑图完成网络场景组建。如果有相应接口变化，则修改接口名称，配置信息没有变化。

（2）配置测试计算机的 IP 地址和网关。

按照以下的 IP 地址规划，配置测试计算机的 IP 地址及网关。限于篇幅，配置过程省略。

PC1 的 IP 地址规划为 192.168.10.1/24，网关为 192.168.10.254。

PC2 的 IP 地址规划为 192.168.20.1/24，网关为 192.168.20.254。

PC3 的 IP 地址规划为 192.168.30.1/24，网关为 192.168.30.254。

（3）配置二层交换机的 VLAN 信息。

```
Switch>enable
Switch#config terminal
Switch(config)#vlan 10
Switch(config-vlan)#exi
Switch(config)#vlan 20
Switch(config-vlan)#exit
Switch(config)#vlan 30
Switch(config-vlan)#exit

Switch(config)#int fa0/1
Switch(config-if-FastEthernet 0/1)#Switchport access vlan 10
Switch(config-if-FastEthernet 0/1)#exi
Switch(config)#int fa0/2
Switch(config-if-FastEthernet 0/2)#Switchport access vlan 20
Switch(config-if-FastEthernet 0/2)#exit
Switch(config)#int fa0/3
Switch(config-if-FastEthernet 0/3)#Switchport access vlan 30
Switch(config-if-FastEthernet 0/3)#exit
Switch(config)#
```

备注：此时无论测试计算机是否配置网关，不同 VLAN 间都无法正常通信。

（4）配置二层交换机连接的接口信息。

```
Switch(config)#int gi0/25
Switch(config-if-GigabitEthernet 0/25)#Switchport mode trunk
Switch(config-if-GigabitEthernet 0/25)#exit
Switch(config)#
```

备注：三个 VLAN 都需要通过这个接口连接到路由器，因此，要将该接口配置为 Trunk 口。

（5）配置路由器信息。

```
Ruijie>enable
Ruijie#config terminal
Ruijie(config)#hostname Router
```

```
Router(config)#int fa0/0.1                                    ! 进入 Fa0/0 对应的子接口
Router(config-subif)#encapsulation dot1q 10                   ! 关联子接口到 VLAN
Router(config-subif)#ip address 192.168.10.254 255.255.255.0
                                                              ! 配置子接口的 IP 地址及掩码
Router(config-subif)#exit

Router(config)#int fa0/0.2
Router(config-subif)#encapsulation dot1q 20
Router(config-subif)#ip address 192.168.20.254 255.255.255.0
Router(config-subif)#exit

Router(config)#int fa0/0.3
Router(config-subif)#encapsulation dot1q 30
Router(config-subif)#ip address 192.168.30.254 255.255.255.0
Router(config-subif)#exit
Router(config)#
```

备注：配置子接口时一般应先保证主接口下没有配置 IP 地址。在创建子接口时，不需要按顺序从小到大创建。不同子接口要保证对应不同的 DOT1Q。若用给每个子接口配置的 IP 地址充当用户网关，不同子接口的 IP 地址应不在同一网段。

（6）测试和验证。

打开模拟服务器的测试计算机 PC1、PC2、PC3，使用"开始"→"运行"→"CMD"命令，转到 DOS 命令操作状态，使用 Ping 命令检查网络连通情况。

测试结果是：PC1、PC2、PC3 之间可以相互 Ping 通。

① 在路由器上查看路由表信息，如图 4-11 所示。

```
router#show ip route

Codes:  C - connected, S - static, R - RIP, B - BGP
        O - OSPF, IA - OSPF inter area
        N1 - OSPF NSSA external type 1, N2 - OSPF NSSA external type 2
        E1 - OSPF external type 1, E2 - OSPF external type 2
        i - IS-IS, su - IS-IS summary, L1 - IS-IS level-1, L2 - IS-IS level-2
        ia - IS-IS inter area, * - candidate default

Gateway of last resort is no set
C    192.168.10.0/24 is directly connected, FastEthernet 0/0.1
C    192.168.10.254/32 is local host.
C    192.168.20.0/24 is directly connected, FastEthernet 0/0.2
C    192.168.20.254/32 is local host.
C    192.168.30.0/24 is directly connected, FastEthernet 0/0.3
C    192.168.30.254/32 is local host.
```

图 4-11 路由器的路由表信息

② 在路由器上查看路由器三层接口的摘要信息，如图 4-12 所示。

```
router#show ip int b
Interface              IP-Address(Pri)      IP-Address(Sec)   Status    Protocol
FastEthernet 0/0.3     192.168.30.254/24    no address        up        up
FastEthernet 0/0.2     192.168.20.254/24    no address        up        up
FastEthernet 0/0.1     192.168.10.254/24    no address        up        up
FastEthernet 0/0       no address           no address        up        down
FastEthernet 0/1       no address           no address        up        down
FastEthernet 0/2       no address           no address        up        down
```

图 4-12   路由器三层接口的摘要信息

③ 在路由器上查看路由器主接口和部分子接口信息，如图 4-13 至图 4-15 所示。需要注意的是，主接口和部分子接口上的 MAC 地址相同。

```
router#show int f0/0
Index(dec):1 (hex):1
FastEthernet 0/0 is UP   , line protocol is UP
Hardware is MPC8248 FCC FAST ETHERNET CONTROLLER FastEthernet, address is 1414.4b67.f97c
(bia 1414.4b67.f97c)
Interface address is: no ip address
ARP type: ARPA,ARP Timeout: 3600 seconds
   MTU 1500 bytes, BW 100000 Kbit
   Encapsulation protocol is Ethernet-II, loopback not set
```

图 4-13   主接口 Fa0/0 的信息

```
router#show interface f 0/0.1
ifindex(dec):5 (hex):5
FastEthernet 0/0.1 is UP   , line protocol is UP
Hareware is MPC8248 FCC FAST ETHERNET CONTROLLER FastEthernet, address is
1414.4b67.f97c (bia 1414.4b67.f97c)
Interface address is: 192.168.10.254/24
ARP type: ARPA,ARP Timeout: 3600 seconds
   MTU 1500 bytes, BW 100000 Kbit
   Encapsulation protocol is 802.1Q Virtual LAN,Vlan ID 10
```

图 4-14   子主接口 Fa0/0.1 的信息

```
router#show int f0/0.2
ifindex(dec):6 (hex):6
FastEthernet 0/0.2 is UP   , line protocol is UP
Hareware is MPC8248 FCC FAST ETHERNET CONTROLLER FastEthernet, address is
1414.4b67.f97c (bia 1414.4b67.f97c)
Interface address is: 192.168.20.254/24
ARP type: ARPA,ARP Timeout: 3600 seconds
   MTU 1500 bytes, BW 100000 Kbit
   Encapsulation protocol is 802.1Q Virtual LAN,Vlan ID 20
```

图 4-15   子主接口 Fa0/0.2 的信息

4.2 任务 2　配置三层交换机路由

【任务描述】

某学校教学楼的汇聚交换机下有一台接入交换机，目前，在接入交换机上划分有多个部门，分别对应不同的 VLAN。由于安全需要，要把不同部门的用户接到不同的 VLAN 中，现在需要使用三层交换机，通过三层交换技术，实现两个部门之间的用户可以通信。

【技术指导】

4.2.1　认识三层交换机直连路由

1. 三层交换机路由概述

三层交换机的直连路由技术与路由器的类似，但三层交换机可以通过路由口和 SVI 两种方式配置直连路由，而路由器不能使用 SVI 方式。

如图 4-16 所示为在三层交换机上生成的直连路由信息。在三层交换机上，通过 SVI 配置 IP 地址后，在路由表中直连路由对应的出接口为 SVI。

```
Codes:  C - connected,  S - static,  R - RIP B - BGP
        O - OSPF, IA - OSPF inter area
        N1 - OSPF NSSA external type 1, N2 - OSPF NSSA external type 2
        E1 - OSPF external type 1, E2 - OSPF external type 2
        i - IS-IS, L1 - IS-IS level-1, L2 - IS-IS level-2, ia - IS-IS inter area
        * - candidate default
Gateway of last resort is no set
C    192.168.10.0/24 is directly connected, VLAN 10
C    192.168.10.1/32 is local host.
C    192.168.20.0/24 is directly connected, VLAN 20
C    192.168.20.1/32 is local host.
C    192.168.30.0/24 is directly connected, VLAN 30
C    192.168.30.1/32 is local host.
```

图 4-16　三层交换机直连路由信息

此时，如果数据需要从该接口发出，则需要通过 SVI 找到对应的物理接口。如果交换机多个接口都属于该 VLAN，则需要查询 MAC 地址表找到该物理接口，将数据从该接口发出。而对于路由器来说，其不同接口对应不同网段，因此可以通过路由表直接发送数据。

其中，三层交换机 SVI 对应的直连路由生效的前提是：SVI 配置了有效的 IP 地址，并且 SVI Up。而 SVI Up 的条件是 VLAN 中至少包含一个 Up 的物理接口。

2. 三层交换机互连方式

如图 4-17 所示，要实现两台三层交换机的互连互通。三层交换机之间常见的互连方式有以下几种。

- SW1 的 Fa0/1 使用路由口，SW2 的 Fa0/1 使用路由口。
- SW1 使用 SVI，Fa0/1 为 Access 口；SW2 使用 SVI，Fa0/1 为 Access 口。
- SW1 使用 SVI，Fa0/1 为 Trunk 口；SW2 使用 SVI，Fa0/1 为 Trunk 口。

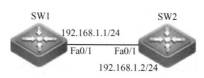

图 4-17　三层交换机互连方式

在校园网中，通常在楼道的汇聚交换机上配置 SVI 的 IP 地址充当用户的网关。因此，同一台汇聚交换机下不同接入交换机上的用户，通过三层交换机直连路由进行通信。

汇聚交换机连接核心的接口，以及核心交换机上联的接口，一般建议直接配置成路由口，实现快速转发。

4.2.2　掌握三层交换机静态路由

静态路由是由网络管理员手工配置的，也是固定的，不会改变路由信息。即使网络状况已经改变或是被重新组装，记录在路由表中的静态路由信息都不会改变。

一般来说，静态路由是由网络管理员逐项加入路由表的。在三层交换机中静态路由的配置方法与路由器一致。使用如下的命令格式：

Switch(config)#ip route　目的网段　掩码　下一跳 IP/出接口

需要注意的是，配置时如果使用出接口的方式，应当使用三层接口。也就是说，出接口应当写为路由口或 SVI，不能写为 Access 或 Trunk 等交换机二层接口。

如图 4-18 所示为两台互连的三层交换机，SW2 上有到 192.168.5.0/24 网络的路由，如果三层交换机 SW1 要发送数据到 192.168.5.0/24 网络中，首先需要将数据发送给 SW2 交换机，由其转发收到的数据信息。这时需要在三层交换机 SW1 上，配置静态路由为"ip route 192.168.5.0 255.255.255.0 192.168.1.2"，也可以使用"ip route 192.168.5.0 255.255.255.0 vlan 10"。出接口尽量不使用 Fa0/1 口。

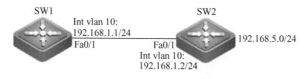

图 4-18　三层交换机静态路由

如果三层交换机使用 SVI 配置地址，则进行数据转发时，查到路由表出接口为 SVI，会查询 MAC 地址表，通过下一跳 MAC 地址依次找到 SVI 对应的物理接口。

【任务实施】配置三层交换机直连路由

【任务规划】

如图 4-19 所示，某小学校教学区域的两台三层交换机相互连接，互连接口为 G0/1。要令这两台互连三层交换机相互通信，需要配置互连地址。其中，交换机 SW1 的地址为 192.168.1.1/24，交换机 SW2 的地址为 192.168.1.2/24。配置三层交换机直连路由，实现网络互连互通。

图 4-19　两台互连三层交换机直连路由

【实施过程】

该任务的详细配置步骤如下。

（1）按照拓扑图完成组网。

按照拓扑图完成网络场景组建。如果有相应接口变化，则修改接口名称，配置信息没有变化。

三层交换机可以使用 no switchport 命令配置 IP 地址，也可以使用 SVI 地址，而在使用 VLAN 口的地址时，交换机接口可以配置为 Access 或 Trunk 两种方式。因此，两台三层交换机设备互连也有多种方式，下面依据常用的方式进行介绍。

（2）使用三层交换机的三层接口实现互连（方式一）。

配置三层交换机 SW1 的 G0/1 接口为三层路由口。在互连的接口上，使用 no switchport 命令实现。同样的方式，处理三层交换机 SW2 的 G0/1 接口。

① 配置三层交换机 SW1 的基本信息。

```
Switch>enable
Switch#config terminal
Switch(config)#hostname SW1
SW1(config)#int gi0/1
SW1(config-if-GigabitEthernet 0/1)#no switchport                !将接口设为路由口
SW1(config-if-GigabitEthernet 0/1)#ip address 192.168.1.1 255.255.255.0
                                                                !为接口配置 IP 地址
SW1(config-if-GigabitEthernet 0/1)#end
```

② 配置三层交换机 SW2 的基本信息。

```
Switch>enable
Switch#config terminal
Switch(config)#hostname SW2
SW2(config)#int gi0/1
SW2(config-if-GigabitEthernet 0/1)#no switchport
SW2(config-if-GigabitEthernet 0/1)#ip address 192.168.1.2 255.255.255.0
SW2(config-if-GigabitEthernet 0/1)#end
```

③ 测试和验证

在两台互连三层交换机 SW1 和 SW2 上，使用 Ping 命令可以互相 Ping 通。

```
SW1#Ping 192.168.1.2
! ! ! !
SW2#Ping 192.168.1.1
! ! ! !
```

查看三层交换机 SW1 的 IP 地址摘要信息，如图 4-20 所示。

```
SW1#show ip int b

Interface                    IP-Address(Pri)      OK?      Status

GigabitEthernet 0/1          192.168.1.1/24       YES      UP
```

图 4-20　互连三层交换机 SW1 摘要信息

查看三层交换机 SW1 的路由表，如图 4-21 所示。

```
SW1#show ip route
Codes:   C - connected, S - static, R - RIP, B - BGP

         O - OSPF, IA - OSPF inter area

         N1 - OSPF NSSA external type 1, N2 - OSPF NSSA external type 2

         E1 - OSPF external type 1, E2 - OSPF external type 2

         i - IS-IS, su - IS-IS summary, L1 - IS-IS level-1, L2 - IS-IS level-2

         ia - IS-IS inter area, * - candidate default

Gateway of last resort is no set

C     192.168.1.0/24  is directly connected, GigabitEthernet 0/1

C     192.168.1.1/32  is local host.
```

图 4-21　互连三层交换机 SW1 的路由表

（3）使用三层交换机的 SVI，通过 Access 口连接实现互连（方式二）。

需要配置三层交换机 SW1 的 G0/1 口为 Access 口，并划分到 VLAN 10。在互连的 SVI 上，使用 interface vlan 10 命令配置 IP 实现。同样的方式，处理三层交换机 SW2 的 G0/1 口，分配为 Access 口，并划分到 VLAN 10 中，使用 interface vlan 10 命令配置 IP 实现。

① 配置三层交换机 SW1 的基本信息。

```
Switch>enable
Switch #config terminal
Switch (config)#hostname SW1
SW1(config)#vlan 10                                          ! 创建 VLAN 10
SW1(config-vlan)#int vlan 10                                 ! 创建 VLAN 10 对应的 SVI
SW1(config-if-VLAN 10)#ip address 192.168.1.1 255.255.255.0  ! 配置 IP 地址
SW1(config-if-VLAN 10)#exit

SW1(config)#int gi 0/1
SW1(config-if-GigabitEthernet 0/1)#Switchport access vlan 10

                                                             ! 物理接口和 VLAN 关联
SW1(config-if-GigabitEthernet 0/1)#end
SW1#
```

② 配置三层交换机 SW2 的基本信息。

```
Switch >enable
Switch #config terminal
Switch (config)#hostname SW2
```

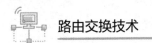

```
SW2(config)#vlan 10                                          ! 创建 VLAN 10
SW2(config-vlan)#int vlan 10                                 ! 创建 VLAN 10 对应的 SVI
SW2(config-if-VLAN 10)#ip address 192.168.1.2 255.255.255.0
                                                             ! 配置 IP 地址

SW2(config-if-VLAN 10)#exit

SW2(config)#int gi 0/1
SW2(config-if-GigabitEthernet 0/1)#Switchport access vlan 10
                                                             ! 物理接口和 VLAN 关联

SW2(config-if-GigabitEthernet 0/1)#end
SW1#
```

③ 测试和验证

在两台互连三层交换机 SW1 和 SW2 上，使用 Ping 命令可以互相 Ping 通。

```
SW1#Ping 192.168.1.2
! ! ! !
SW2#Ping 192.168.1.1
! ! ! !
```

查看三层交换机 SW1 的 IP 地址摘要信息，如图 4-22 所示。

```
SW1#show ip int b
```

```
SW1#show ip int b↵

Interface                          IP-Address(Pri)      OK?        Status
VLAN 10                            192.168.1.1/24       YES        UP↵
```

图 4-22　SW1 的地址摘要信息

查看三层交换机 SW1 的路由表，如图 4-23 所示。

```
SW1#show ip route↵

Codes:   C - connected, S - static, R - RIP, B - BGP↵

         O - OSPF, IA - OSPF inter area↵

         N1 - OSPF NSSA external type 1, N2 - OSPF NSSA external type 2↵

         E1 - OSPF external type 1, E2 - OSPF external type 2↵

         i - IS-IS, su - IS-IS summary, L1 - IS-IS level-1, L2 - IS-IS level-2↵

         ia - IS-IS inter area, * - candidate default↵

Gateway of last resort is no set↵

C       192.168.1.0/24  is directly connected, VLAN 10↵

C       192.168.1.1/32  is local host. ↵
```

图 4-23　SW1 的路由表

（4）使用三层交换机的 SVI，通过 Trunk 口连接实现互连（方式三）。

需要配置三层交换机 SW1 的 G0/1 口为 Trunk 口，创建 VLAN 10。在互连的 SVI 上，使用 interface vlan 10 命令配置 IP 实现。同样的方式，处理三层交换机 SW2 的 G0/1 口，分配为 Trunk 口，创建 VLAN 10，使用 interface vlan 10 命令配置 IP 实现。

① 配置三层交换机 SW1 的基本信息。

```
Switch >enable
Switch #config terminal
Switch(config)#hostname SW1
SW1(config)#vlan 10
SW1(config-vlan)#exit
SW1(config)#int vlan 10
SW1(config-if-VLAN 10)#ip address 192.168.1.1 255.255.255.0
SW1(config-if-VLAN 10)#exit

SW1(config)#int gi 0/1
SW1(config-if-GigabitEthernet 0/1)#Switchport mode trunk
SW1(config-if-GigabitEthernet 0/1)#end
SW1#
```

② 配置三层交换机 SW2 的基本信息。

```
Switch >enable
Switch #config terminal
Switch(config)#hostname SW2
SW2(config)#vlan 10
SW2(config-vlan)#exit
SW2(config)#int vlan 10
SW2(config-if-VLAN 10)#ip address 192.168.1.2 255.255.255.0
SW2(config-if-VLAN 10)#exit

SW2(config)#int gi 0/1
SW2(config-if-GigabitEthernet 0/1)#Switchport mode trunk
SW2(config-if-GigabitEthernet 0/1)#end
SW2#
```

③ 测试和验证。

在两台互连三层交换机 SW1 和 SW2 上，使用 Ping 命令可以互相 Ping 通。

```
SW1#Ping 192.168.1.2
! ! ! !
SW2#Ping 192.168.1.1
! ! ! !
```

查看三层交换机 SW1 的 IP 地址摘要信息，如图 4-24 所示。

```
SW1#show ip int b

Interface                        IP-Address(Pri)      OK?       Status

VLAN 10                          192.168.1.1/24       YES       UP
```

图 4-24　三层交换机 SW1 的 IP 地址摘要信息

查看三层交换机 SW1 的路由表，如图 4-25 所示。

```
SW1#show ip route
Codes:    C - connected, S - static, R - RIP, B - BGP
          O - OSPF, IA - OSPF inter area
          N1 - OSPF NSSA external type 1, N2 - OSPF NSSA external type 2
          E1 - OSPF external type 1, E2 - OSPF external type 2
          i - IS-IS, su - IS-IS summary, L1 - IS-IS level-1, L2 - IS-IS level-2
          ia - IS-IS inter area, * - candidate default
Gateway of last resort is no set
C       192.168.1.0/24  is directly connected, VLAN 10
C       192.168.1.1/32  is local host.
```

图 4-25　三层交换机 SW1 的路由表

从上述多种连接方式的配置过程可以看出，使用 no switchport 命令实现三层路由口互连时，路由表中的直连路由的出接口是物理接口，地址对应的接口是物理接口。而使用 SVI 方式实现接口互连时，路由表中的直连路由的出接口是 SVI，而非物理接口，地址对应的接口是 SVI。

【任务实施】配置三层交换机静态路由

【任务规划】

如图 4-26 所示，某小学校办公区域的两台三层交换机 SW1 和 SW2 互连。其中，测试计算机 PC1 和 PC2 分别连在 SW1 和 SW2 上。SW1 的 G0/1 口与 PC1 相连，SW1 的 G0/2 口和 SW2 的 G0/1 口相连，SW2 的 G0/2 口与 PC2 相连。测试计算机 PC1 的 IP 地址规划为 192.168.1.1/24，PC2 的 IP 地址规划为 192.168.3.2/24。

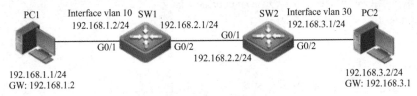

图 4-26　某小学校办公区域的交换机互连拓扑

三层交换机 SW1 的 G0/1 口使用 Access 口，使用 VLAN 10 的接口 IP 地址 192.168.1.2 充当用户网关。三层交换机 SW2 的 G0/2 口使用 Access 口，使用 VLAN 30 的接口 IP 地址 192.168.3.1 充当用户网关。

三层交换机 SW1 的 G0/2 口使用 no switchport 命令，IP 地址规划为 192.168.2.1/24；三层交换机 SW2 的 G0/1 口使用 no switchport 命令，IP 地址规划为 192.168.2.2/24。通过配置静态路由使得测试计算机 PC1 和 PC2 可以互相通信。

【实施过程】

该任务的详细配置步骤如下。

（1）按照拓扑图完成组网。

按照拓扑图完成网络场景组建。如果有相应接口变化，则修改接口名称，配置信息没有变化。

（2）配置测试计算机 PC1 和 PC2 的 IP 地址和网关。

按照以下 IP 地址规划，配置测试计算机的 IP 地址及网关。限于篇幅，配置过程省略。

配置测试计算机 PC1 的 IP 地址为 192.168.1.1/24，网关为 192.168.1.2。

配置测试计算机 PC2 的 IP 地址为 192.168.3.2/24，网关为 192.168.3.1。

（3）配置两台三层交换机 SW1 和 SW2 的地址信息。

① 配置三层交换机 SW1 的地址信息。

```
Switch>enable
Switch#configure terminal
Switch(config)#hostname SW1
SW1(config)#vlan 10
SW1(config-vlan)#int vlan 10
SW1(config-if-VLAN 10)#ip address 192.168.1.2 255.255.255.0
SW1(config-if-VLAN 10)#exit

SW1(config)#int gi 0/1
SW1(config-if-GigabitEthernet 0/1)#Switchport access vlan 10
SW1(config-if-GigabitEthernet 0/1)#exit

SW1(config)#int gi 0/2
SW1(config-if-GigabitEthernet 0/2)#no switch
SW1(config-if-GigabitEthernet 0/2)#ip address 192.168.2.1 255.255.255.0
SW1(config-if-GigabitEthernet 0/2)#exit
SW1(config)#
```

② 配置三层交换机 SW2 的地址信息。

```
Switch>enable
Switch #configure terminal
Switch (config)#hostname SW2
SW2(config)#vlan 10
SW2(config-vlan)#int vlan 30
SW2(config-if-VLAN 10)#ip address 192.168.3.1 255.255.255.0
SW2(config-if-VLAN 10)#exit

SW2(config)#int gi 0/1
SW2(config-if-GigabitEthernet 0/1)#no switch
SW2(config-if-GigabitEthernet 0/1)#ip address 192.168.2.2 255.255.255.0
SW2(config-if-GigabitEthernet 0/1)#exit

SW2(config)#int gi 0/2
SW2(config-if-GigabitEthernet 0/2)#Switchport access vlan 30
SW2(config-if-GigabitEthernet 0/2)#exit
SW2(config)#
```

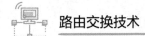

（4）配置两台三层交换机的静态路由信息。

① 配置三层交换机 SW1 的静态路由信息。

```
SW1(config)#ip route 192.168.3.0 255.255.255.0 192.168.2.2
```

② 配置三层交换机 SW2 的静态路由信息。

```
SW2(config)#ip route 192.168.1.0 255.255.255.0 192.168.2.1
```

（5）测试和验证。

打开模拟服务器的测试计算机 PC1、PC2，使用"开始"→"运行"→"CMD"命令，转到 DOS 命令操作状态，使用 Ping 命令检查网络连通情况。

测试结果是：PC1、PC2 之间可以相互 Ping 通。

接下来，在三层交换机 SW1 上查看网络互连信息，路由表如图 4-27 所示。

```
SW1#show ip route
Codes:  C - connected, S - static, R - RIP, B - BGP
        O - OSPF, IA - OSPF inter area
        N1 - OSPF NSSA external type 1, N2 - OSPF NSSA external type 2
        E1 - OSPF external type 1, E2 - OSPF external type 2
        i - IS-IS, su - IS-IS summary, L1 - IS-IS level-1, L2 - IS-IS level-2
        ia - IS-IS inter area, * - candidate default
Gateway of last resort is no set
C     192.168.1.0/24 is directly connected, VLAN 10
C     192.168.1.2/32 is local host.
C     192.168.2.0/24 is directly connected, GigabitEthernet 0/2
C     192.168.2.1/32 is local host.
S     192.168.3.0/24 [1/0] via 192.168.2.2
```

图 4-27　三层交换机 SW1 的路由表

4.3 任务 3　配置三层交换机 DHCP 服务

【任务描述】

某学校教学楼的汇聚交换机连接多个分散的子网络，通过三层交换路由技术实现分散的不同子网络间互连互通；通过配置三层交换机上的 DHCP 服务功能，实现校园网络中所有的设备能自动获取 IP 地址，减少师生手工配置 IP 地址的麻烦。

【技术指导】

4.3.1　了解 DHCP 技术

1. 三层交换机路由概述

DHCP（Dynamic Host Configuration Protocol，动态主机配置协议）是一种在网络中常用

的动态编址技术，用于简化手工配置和维护地址的工作。DHCP 基于客户端/服务器架构，为客户端分配 IP 地址和提供主机配置参数。DHCP 工作在应用层，它的前身是 BOOTP（Bootstrap Protocol，引导协议）。BOOTP 用于在相对静态的环境中为每个主机指定一个永久的网络连接，管理人员通过创建一个 BOOTP 配置文件来定义每个主机的 BOOTP 参数。

在计算机经常移动和实际计算机数目超过了可分配的 IP 地址数目时，那种只提供从主机标识到主机参数的静态映射方式就存在很大的局限性。为此人们开发了 DHCP，它加入了自动分配可再利用的地址和附加配置选项的功能。DHCP 不仅可以为主机分配 IP 地址，还可以为主机分配网关地址、DNS 服务器地址、WINS 服务器地址等信息。

假如某单位有 400 台主机，但是在任何一个时刻，要接入网络的主机不会超过 255 台。如果使用固定 IP 地址的话，那么就需要申请 400 个 IP 地址才够用。但如果使用动态 IP 分配的话，只要申请 255 个 IP 地址就足够了，节省了申请 145 个 IP 地址的费用。DHCP 适用于对网络中大量主机进行动态编址及 IP 资源使用密度不高的情况。

2．DHCP 技术实现的功能

DHCP 通常被应用在大型的局域网络环境中，其主要作用是集中地管理和分配 IP 地址，使网络环境中的主机动态地获得 IP 地址、网关地址、DNS 服务器地址等信息，并能够提升地址的使用率。

DHCP 基于客户端/服务器架构，主机地址的动态分配任务由网络主机驱动。当 DHCP 服务器接收到来自网络主机申请地址的信息时，才会向网络主机发送相关的地址配置等信息，以实现网络主机地址信息的动态配置。

DHCP 主要给内部网络或网络服务供应商自动分配 IP 地址，还具有其他的功能如下。

（1）保证任何 IP 地址在同一时刻只能由一台 DHCP 客户端所使用。

（2）DHCP 应当可以给用户分配永久固定的 IP 地址。

（3）DHCP 可以同使用其他方法获得 IP 地址的主机共存（如手工配置 IP 地址的主机）。

（4）DHCP 服务器应当向现有的 BOOTP 客户端提供服务。

3．DHCP 分配 IP 地址的方法

DHCP 分为两部分：一个是服务器，另一个是客户端。

所有的 IP 网络设定数据都由 DHCP 服务器集中管理，并负责处理客户端的 DHCP 要求；而客户端则会使用从服务器分配下来的 IP 环境数据。

DHCP 有以下三种机制分配 IP 地址。

（1）自动分配方式（Automatic Allocation）。

DHCP 服务器为主机指定一个永久性的 IP 地址，一旦 DHCP 客户端第一次成功地从 DHCP 服务器租用到 IP 地址后，就可以永久性地使用该地址。

（2）动态分配方式（Dynamic Allocation）。

DHCP 服务器给主机指定一个具有时间限制的 IP 地址，时间到期或主机明确表示放弃该地址时，该地址可以被其他主机使用。

动态分配是当 DHCP 第一次从 DHCP 服务器租用到 IP 地址之后，并非永久地使用该地址，只要租约到期，客户端就得释放（Release）这个 IP 地址，以给其他工作站使用。当然，客户端可以比其他主机更优先地更新（Renew）租约，或是租用其他的 IP 地址。

（3）手工分配方式（Manual Allocation）。

客户端的 IP 地址是由网络管理员指定的，DHCP 服务器只是将指定的 IP 地址告诉客户端主机。网络管理员为某些少数特定的主机绑定固定的 IP 地址，且地址不会过期。

在以上三种地址分配方式中，只有动态分配可以重复使用客户端不再需要的地址。

DHCP 消息的格式是基于 BOOTP 消息格式的，这就要求设备具有 BOOTP 中继代理的功能，并能够与 BOOTP 客户端和 DHCP 服务器实现交互。BOOTP 中继代理的功能，使得没有必要在每个物理网络中都部署一个 DHCP 服务器。

4.3.2　DHCP 工作原理

在主机第一次使用 DHCP 获取 IP 地址的情况下，其基本工作流程如图 4-28 所示。

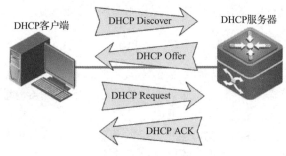

图 4-28　DHCP 工作流程

1. 寻找 DHCP 服务器

当 DHCP 客户端第一次登录网络的时候，也就是客户端发现本机上没有任何 IP 数据设定时，它会向网络发出一个 DHCP Discover 封包。因为客户端还不知道自己属于哪一个网络，所以封包的来源地址为 0.0.0.0，而目的地址则为 255.255.255.255，然后附上 DHCP Discover 的信息，向网络进行广播。

2. 提供 IP 租用地址

当 DHCP 服务器监听到客户端发出的 DHCP Discover 广播后，它会从那些还没有租出的地址范围内，选择最前面的空置 IP 地址，连同其他的 TCP/IP 设定，响应给客户端一个 DHCP Offer 封包。由于客户端在开始的时候还没有 IP 地址，所以在其 DHCP Discover 封包内会带有其 MAC 地址信息，并且有一个 XID 编号来辨别该封包，DHCP 服务器响应的 DHCP Offer 封包则会根据这些资料传递给要求租约的客户。

根据服务器的设定，DHCP Offer 封包会包含一个租约期限的信息。

3. 接收 IP 租约

如果客户端收到网络上多台 DHCP 服务器的响应，只会挑选其中一个 DHCP Offer（通常是最先抵达的那个），并且会向网络发送一个 DHCP Request 广播封包，告诉所有 DHCP 服务器它将指定接收哪一台服务器提供的 IP 地址。

同时，客户端还会向网络发送一个 ARP 封包，查询网络上面有没有其他机器使用该 IP

地址；如果发现该 IP 地址已经被占用，则客户端会送出一个 DHCP Declient 封包给 DHCP 服务器，拒绝接收其 DHCP Offer，并重新发送 DHCP Discover 信息。

4．租约确认

当 DHCP 服务器接收到客户端的 DHCP Request 之后，会向客户端发出一个 DHCP ACK 响应，以确认 IP 租约的正式生效，也就结束了一个完整的 DHCP 工作过程。

一旦 DHCP 客户端成功地从服务器那里取得 DHCP 租约之后，除非其租约已经失效并且 IP 地址也重新设定回 0.0.0.0，否则就无须再发送 DHCP Discover 信息了，而会直接使用已经租用到的 IP 地址向之前的 DHCP 服务器发出 DHCP Request 信息。

DHCP 服务器会尽量让客户端使用原来的 IP 地址，如果没问题的话，直接响应 DHCP ACK 来确认即可。如果该地址已经失效或已经被其他机器使用了，服务器则会响应一个 DHCP ACK 封包给客户端，要求其重新执行 DHCP Discover。

4.3.3　配置 DHCP

1．配置 DHCP Server

在全局配置模式中执行如下命令：

```
Router(config)#ip dhcp pool pool-name                              ！配置地址池名
Router(dhcp-config)# )# network network-number [mask]

                                                                  ！配置地址池子网和掩码
Router(dhcp-config)# Lease { days [ hours ] [ minutes ] |[ infinite ] }

                                                                  !配置地址租约
Router(dhcp-config)# default-router address [ address1…address8 ]

                                                                  ！配置客户端网关
Router(dhcp-config)# domain-name domain                           ！配置客户端域名
Router(dhcp-config)#dns-server address [ address1…address8 ]

                                                                  ！配置域名服务器
Router(dhcp-config)# ip dhcp excluded-address start-address end-address

                                                                  ！配置排除地址
```

在配置地址租约中相关的参数信息如图 4-29 所示。

参数	描述
Days	定义租期的时间，以天为单位
Hours	（可选）定义租期的时间，以小时为单位，定义小时数前必须定义天数
minutes	（可选）定义租期的时间，以分钟为单位，定义分钟数前必须定义天数和小时数
infinite	定义没有限制的租期

图 4-29　DHCP 地址租约时间要求

2．配置地址池名

要配置地址池名并进入地址池配置模式，在全局配置模式中执行如下命令：

```
Router(config)#ip dhcp pool pool-name
                                        ！配置地址池名并进入其配置模式
Router(dhcp-config)# host address       ！定义客户端 IP 地址
Router(dhcp-config)# hardware-address hardware-address type
                                        ！定义客户端硬件地址
```

3. 配置 DHCP 客户端

```
Router(config-if)# ip address dhcp      ！启用 DHCP 获得 IP 地址
```

客户端默认网关将作为服务器分配给客户端的默认网关参数。默认网关的 IP 地址必须与 DHCP 客户端的 IP 地址在同一网络中。

```
Router (dhcp-config)#default-router address   [address2…address8]   ！配置默认网关
```

当客户端通过主机名访问网络资源时，需要指定 DNS 服务器进行域名解析。要配置 DHCP 客户端可使用的域名服务器，在地址池配置模式中执行如下命令：

```
Router (dhcp-config)#dns-server address   [address2…address8]       ！配置 DNS 服务器
```

【任务实施】配置三层交换机 DHCP 服务

【任务规划】

如图 4-30 所示网络拓扑为某小学教学区域的三层交换机连接的场景，希望为教学区域的办公网络使用 DHCP 服务技术，自动完成客户端的网络参数的配置，减轻网络管理员手工管理地址的负担，提高网络管理的工作效率。

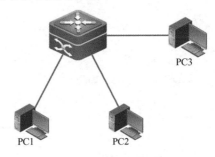

PC3

PC1　　　　　PC2

图 4-30　三层交换机连接网络拓扑

【实施过程】

该任务的详细配置步骤如下。

（1）按照拓扑图完成组网。

按照拓扑图完成网络场景组建。如果有相应接口变化，则修改接口名称，配置信息没有变化。

（2）配置交换机的 DHCP 服务。

```
Switch>enable
Switch#configure terminal
Switch(config)#int vlan 1
```

```
Switch(config-if-VLAN 1)#ip address 192.168.10.254 255.255.255.0
Switch(config-if-VLAN 1)#no shutdown

Switch(config)#service dhcp      ！激活 DHCP 服务器
Switch(config)#ip dhcp pool abc
Switch(dhcp-config)#network 192.168.10.0 255.255.255.0
Switch(dhcp-config)#dns-server   202.102.192.68
Switch(dhcp-config)#default-Switch 192.168.10.254
Switch(dhcp-config)#end
Switch#show ip dhcp bind
……
```

（3）开启测试计算机自动获得 IP 地址的功能。

打开 PC1 测试计算机的"网络连接"，选择"常规"属性中的"Internet 协议（TCP/IP）"选项，单击"属性"按钮，设置 TCP/IP 协议属性，开启 PC1 自动获取地址功能。

打开 PC1 测试计算机的 DOS 命令操作状态，输入"ipconfig / all"命令并按回车键，查询计算机自动获取的网络地址信息。限于篇幅，此处省略。

【认证测试】

下列每道试题都有多个答案选项，请选择一个最佳的答案。

1．下列哪项关于 ARP 的说法是正确的？（   ）
    A．工作在应用层　　　　　　　　　　　B．工作在数据链路层
    C．将 MAC 地址转换为 IP 地址　　　　　D．将 IP 地址映射为 MAC 地址

2．静态路由和动态路由的区别是（   ）。
    A．人工指定的　　　　　　　　　　　　B．人工不能选择最优路径
    C．多条路由的互相备份　　　　　　　　D．路由自动切换

3．以下对 MAC 地址的描述正确的是（   ）。
    A．由 32 位 2 进制数组成　　　　　　　B．由 48 位 16 进制数组成
    C．前 6 位 16 进制由 IEEE 分配　　　　D．后 6 位 16 进制由 IEEE 分配

4．以下在三层交换机中对存储转发描述正确的是（   ）。
    A．收到数据后不进行任何处理，立即发送
    B．收到数据帧头后检测到目标 MAC 地址，立即发送
    C．收到整个数据后进行 CRC 校验，确认数据正确性后再发送
    D．发送延时较小

5．在三层交换机中实施的关于 RSTP 端口角色中，以下哪项是 STP 中所没有的？（   ）
    A．shut down　　　　B．disable　　　　C．Backup　　　　D．Designated

6．下列不属于三层交换机中路由选择算法的主要目的有（   ）。
    A．准确性　　　　　　B．快速收敛　　　　C．静态或动态　　　D．低开销

7．请选出下列不属于三层交换机使用静态路由的好处的。（   ）
    A．减少了路由器的日常开销　　　　　　B．可以控制路由选择
    C．支持变长子网掩码（VLSM）　　　　　D．在小型互连网络中很容易配置

8. 在三层交换机配置静态路由的配置命令 ip route 中不包含下列哪个参数？（　　）

    A. 目的网段及掩码　　　　　　　　　　B. 本地接口

    C. 下一跳路由器的 IP 地址　　　　　　D. 下一跳路由器的 MAC 地址

9. 下列属于工作在 OSI 第二层的网络设备的是（　　）。

    A. 集线器　　　　　　B. 网关　　　　　C. 三层交换机　　　　D. 路由器

10. 下列关于三层交换机中配置 VLAN 的说法不正确的是（　　）。

    A. 隔离广播域

    B. 相互间通信要通过三层设备

    C. 可以限制网上的计算机互相访问的权限

    D. 只能在同一交换机上的主机进行逻辑分组

11. 在三层交换机配置 IP 路由表中的 0.0.0.0 指的是（　　）。

    A. 静态路由　　　　　　B. 默认路由　　　　C. RIP 路由　　　　D. 动态路由

12. 在 OSI 的七层模型中负责路由选择的是哪一层？（　　）

    A. 物理层　　　　　　B. 数据链路层　　　C. 网络层　　　　　D. 传输层

13. 在三层交换机中配置 VLAN 的干道技术，是由下面的哪一个标准规定的？（　　）

    A. 802.1D　　　　　　B. 802.1P　　　　　C. 802.1Q　　　　　D. 802.1Z

14. 在三层交换机中配置接口地址，使用 no switch 命令后还需要采用哪个命令？

（　　）。

    A. ip address 1.1.1.1 netmask 255.0.0.0　　　　B. ip address 1.1.1.1/24

    C. set ip address 1.1.1.1 subnetmask 24　　　D. ip address 1.1.1.1 255.255.255.248

15. 在三层交换机中配置 VLAN 的干道技术,如何将接口设置为 Tag VLAN 模式？（　　）

    A. switchport mode tag　　　　　　　　B. switchport mode trunk

    C. trunk on　　　　　　　　　　　　　　D. set port trunk on

16. 当三层交换机接收到分组的目的 MAC 地址在三层交换机映射表中没有对应的表项时，应采取的策略是（　　）。

    A. 向其他端口广播该分组　　　　　　　B. 不转发此帧并由桥保存起来

    C. 丢掉该分组　　　　　　　　　　　　D. 将该分组分片

17. 三层交换机设备工作在 OSI 七层模型中的哪一层？（　　）

    A. 物理层　　　　　　B. 数据链路层　　　C. 传输层　　　　　D. 网络层

18. 所谓在三层交换机设备配置的路由技术的最根本特征是（　　）。

    A. 向不同网络转发数据　　　　　　　　B. 向同个网络转发数据

    C. 向网络边缘转发数据　　　　　　　　D. 向不同类型网络转发数据

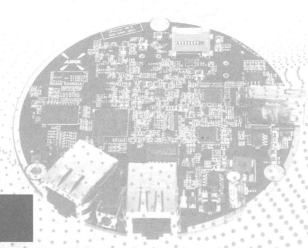

第5章
配置动态路由实现交换网互连

📶【项目描述】

北京某小学打算以教育信息化为突破口，推进数字化教育在基础教育中发挥重要作用，建设以校园网络为核心、多媒体教室为基础，实施班班通的数字化校园网建设方案。二期建设完成的校园网如图 5-1 所示。全校园网采用三层架构部署，使用高性能的交换机连接，保障网络的稳定性，实现校园网的高速传输；使用动态路由技术实现校园网中各部门之间的网络互连互通。此外，校园网的出口部分，采用路由器接入北京市普教城域网中，通过动态路由接入外网。

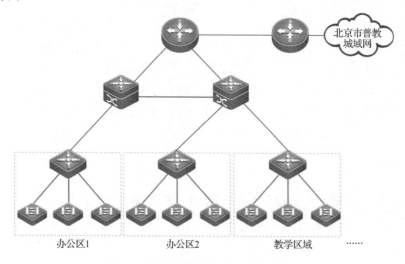

图 5-1　某小学校园网二期建设网络拓扑

【学习目标】

本项目通过 3 个任务的学习，帮助学生了解动态路由技术，熟悉 RIP、OSPF 动态路由组网技术，掌握路由重发布技术，实现以下目标。

1. 知识目标

（1）了解 RIP 动态路由协议知识，掌握 OSPF 动态路由协议知识。
（2）掌握路由重发布技术。

2. 技能目标

（1）掌握 RIP 动态路由的配置。
（2）掌握 OSPF 动态路由的配置。
（3）掌握路由重发布的配置。

3. 素养目标

（1）学会整理知识笔记，按照标准格式制作实训报告。
（2）能保持工作环境干净，实现物料放置地整洁，遵守 6S 现场管理标准。
（3）学会和同伴友好沟通，建立友好的团队合作关系。
（4）在实训现场具有良好的安全意识，懂得安全操作知识，严格按照安全标准流程操作。

【素质拓展】

能用众力，则无敌于天下矣；能用众智，则无畏于圣人矣。——《三国志·吴志·孙权传》
"一切革命队伍的人都要互相关心，互相爱护，互相帮助"。在动态路由实现交换网互连中，动态路由协议的工作机制包含邻居发现、交换路由信息、计算路由和维护路由四个方面，为了实现通信，每个路由器都需要妥善维持与邻居的关系，遵守 RIP 和 OSPF 协议规定主动发布自己的已知信息，通过相互协作实现全网的通信。

在生活和工作中，要树立与他人协作互助的团队意识，一滴水只有放进大海里才永远不会干涸，一个人只有把自己和集体事业融合在一起的时候才能最有力量。古人说："独学而无友，则孤陋而寡闻"。在学习中，通过合作，互相交流、互相启发、互相帮助，弥补个人知识的不足，从而获得更多的知识，提高解决问题的能力。在生活中，通过合作融入集体互帮互助的良好氛围，在团结合作中感受群体力量，体会成功的喜悦，有助于形成开朗、活泼、勇敢等积极外向的良好性格。

【项目实施】

5.1 任务 1 使用 RIP 路由实现网络互连

【任务描述】

北京某小学的教学区域有三栋楼，每栋楼都部署一台路由器，通过三台路由器实现三栋楼中网络的互连互通。需要在全网配置 RIPv2 动态路由，实现全网的互连互通。

【技术指导】

5.1.1 了解动态路由

1．动态路由概述

如图 5-2 所示的网络场景中，如果采用静态路由技术配置路由器 R1，到达主机 PC2 的数据包从 R2 路由器经过，那么当 R1 和 R2 路由器之间的连接出现故障时，主机 PC1 和 PC2 就无法通信。管理员需要立即重新配置 R1 路由器，改变路由表，使得数据包从 R3 路由器经过。但如果一个网络的规模很大，链路状态经常有变化，管理员能时时刻刻准备着重新配置路由器吗？

这时候，动态路由协议提供了更多的灵活性。动态路由协议能够动态地反映网络的状态，当网络发生变化时，R1 路由器和其他路由器会更新自己的路由表。从主机 PC1 发到 PC2 的数据不会被 R1 转发到 R2 上，而是转发到 R3 上。

动态路由协议也可以在网络引导流量，使用不同的路径到达同一目的网络，这就是负载均衡。

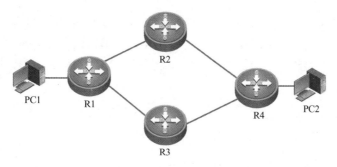

图 5-2 动态路由场景

2．什么是动态路由

动态路由是指路由器之间能够自动地建立自己的路由表，并且能够根据实际情况的变化适时地进行调整。动态路由表项是通过相互连接的路由器之间交换彼此信息，然后按照一定的算法优化出来的，而这些路由信息是在一定时间间隙里不断更新的，以适应不断变化的网络，随时获得最优的寻路效果。

3．动态路由分类

（1）从运行的范围，可分为内部网关协议（IGP）和外部网关协议（EGP）。

内部网关协议，用来在同一个自治系统内部交换路由信息。典型的内部网关协议有 OSPF、RIP 等。

外部网关协议，用来在不同的自治系统间交换路由信息。典型的外部网关协议有 BGP 等。

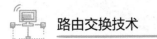

（2）从协议的算法，可分为距离矢量协议和链路状态协议。

距离矢量协议是每台路由器在路由信息上，都依赖于自己的相邻路由器；而它的相邻路由器又是通过从它们自己的相邻路由器那里学习路由的。典型的距离矢量协议有 RIP 等。

链路状态协议把运行链路状态协议的路由器分成区域，收集区域的所有路由器的链路状态信息。根据状态信息生成网络拓扑结构，每一台路由器再根据拓扑结构计算出路由。典型的链路状态协议有 OSPF 等。

5.1.2　了解 RIP 路由协议

1. RIP 路由概述

RIP（Routing Information Protocol）是一种相对古老的，在小型及相同介质网络中得到了广泛应用的路由协议。RIP 是一种内部网关协议，在内部网络上使用。

RIP 采用距离向量算法，是一种距离向量协议，它可以通过不断地交换信息，让路由器动态地适应网络连接的变化，这些信息包括每台路由器可以到达哪些网络，这些网络有多远等。RIP 使用跳数来衡量到达目的地的距离，被称为路由度量。在 RIP 中，路由器到与它直接相连网络的跳数为 0；通过一台路由器可达的网络的跳数为 1，其余依次类推；不可达网络的跳数为 16。

RIP 属于应用层协议，使用 UDP 报文交换路由信息，UDP 端口号为 520。通常情况下，RIPv1 报文为广播报文，而 RIPv2 报文为组播报文，组播地址为 224.0.0.9。

RIP 将向指定网络的接口发送更新报文，如果接口的网络没有与 RIP 路由进程关联，该接口就不会通告任何更新报文。

2. RIP 路由特点

RIP 路由协议具有如下特点：
- 路由信息每经过一台路由器，跳数加 1。
- 跳数最小即为最优路由，跳数相同则负载均衡。
- 最多支持的跳数为 15，跳数 16 表示不可达。
- 周期性路由更新，路由更新为完整的路由表。
- 使用多个时钟以保证路由条目的有效性与及时性。

3. RIP 路由防环机制

需要注意的是，RIP 协议可能产生环路，因此 RIP 协议有许多防环机制，但仍无法保证其绝对无环。为了防止形成环路路由，RIP 采用了如下手段。
- 水平分割（Split Horizon）。
- 毒性逆转（Poison Reverse）。
- 路由抑制时间（Holddown Time）。

4. RIP 路由版本

RIP 版本主要有 v1 和 v2 两个，其区别主要如下。

- RIPv1 使用广播的方式发送路由更新，RIPv2 使用组播方式发送路由更新。
- RIPv1 在路由更新信息中不携带子网掩码，RIPv2 在路由更新中携带子网掩码。
- RIPv1 不支持认证，RIPv2 支持认证。

5.1.3　掌握 RIP 路由原理

RIP 路由协议学习路由的过程，基本上分为以下几步。

（1）运行 RIP 路由协议的路由器，默认每 30 秒广播发送完整的路由表到相邻的 RIP 路由器。相邻的 RIP 路由器之间互相学习和更新路由条目。

（2）相邻的 RIP 路由器之间，相互学习、更新、接收完整的路由表。

（3）相邻的 RIP 路由器之间，每隔 30 秒向外发送一次更新报文；如果在路由器经过 180 秒后没有收到来自对端的路由更新报文，则将所有来自此路由器的路由信息标识为不可达；若在 240 秒内仍未收到更新报文，就将这些路由从路由表中删除。

相邻的 RIP 路由器之间的工作过程如图 5-3 所示。

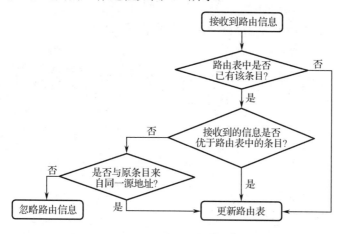

图 5-3　RIP 协议工作过程

5.1.4　配置 RIP 路由

在互相连接的 RIP 路由器上，配置 RIP 路由的命令如下：

Router(config)# Router rip	! 创建路由进程
Router(config-Router)# version {1 | 2}	! 指定版本，默认发送 v1 更新包
Router(config-Router)#no auto-summary	! 关闭自动汇总功能，该功能默认是开启的
Router(config-Router)# network *network-number*	! 通告直连网段

备注：RIP 路由协议只向直连网络所属接口通告路由信息。

【任务实施】配置路由器 RIP 路由

【任务规划】

北京某小学的教学区域有三栋楼，每栋楼都部署一台路由器，通过三台路由器实现三栋楼中网络的互连互通。如图 5-4 所示，模拟办公的测试计算机 PC1 连接大楼的路由器 Router1 的 Fa0/0 口，Router1 的 Fa0/1 口连接另一栋大楼的路由器 Router2 的 Fa0/0 口；另一栋大楼的路由器 Router2 的 Fa0/1 口连接另一栋大楼的路由器 Router3 的 Fa0/0 口；另一栋大楼的路由器 Router3 的 F0/1 口连接测试计算机 PC2。

模拟办公的测试计算机 PC1 的 IP 地址规划为 192.168.1.1/24，网关为 192.168.1.2；PC2 的 IP 地址规划为 192.168.4.2/24，网关为 192.168.4.1。

路由器 Router1 的 Fa0/0 口的 IP 地址规划为 192.168.1.2/24，Fa0/1 口的 IP 地址规划为 192.168.2.1/24；路由器 Router2 的 Fa0/0 口的 IP 地址规划为 192.168.2.2/24，Fa0/1 口的 IP 地址规划为 192.168.3.1/24；路由器 Router3 的 Fa0/0 口的 IP 地址规划为 192.168.3.2/24，Fa0/1 口的 IP 地址规划为 192.168.4.1/24。

需要在全网配置 RIPv2 动态路由，实现全网的互连互通。

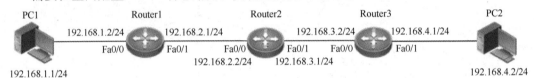

图 5-4　RIP 路由互连拓扑

【实施过程】

该任务的详细配置步骤如下。

（1）按照拓扑图完成组网。

按照拓扑图完成网络场景组建。如果有相应接口变化，则修改接口名称，配置信息没有变化。

（2）配置路由器的接口 IP 地址。

① 完成路由器 Router1 的基本信息配置。

```
Router>enable
Router #config terminal
Router (config)#hostname Router1
Router1(config)#int fa0/0
Router1(config-if-FastEthernet 0/0)#ip address 192.168.1.2 255.255.255.0
Router1(config-if-FastEthernet 0/0)#exit
Router1(config)#int fa0/1
Router1(config-if-FastEthernet 0/1)#ip address 192.168.2.1 255.255.255.0
Router1(config-if-FastEthernet 0/1)#exit
Router1(config)#
```

② 完成路由器 Router2 的基本信息配置。

```
Router>enable
```

```
Router #config terminal
Router (config)#hostname Router2
Router2(config)#int fa0/0
Router2(config-if-FastEthernet 0/0)#ip address 192.168.2.2 255.255.255.0
Router2(config-if-FastEthernet 0/0)#exi
Router2(config)#int fa0/1
Router2(config-if-FastEthernet 0/1)#ip address 192.168.3.1 255.255.255.0
Router2(config-if-FastEthernet 0/1)#exit
Router2(config)#
```

③ 完成路由器 Router3 的基本信息配置。

```
Router>enable
Router #config terminal
Router (config)#hostname Router3
Router3(config)#int fa0/0
Router3(config-if-FastEthernet 0/0)#ip address 192.168.3.2 255.255.255.0
Router3(config-if-FastEthernet 0/0)#exit
Router3(config)#int fa0/1
Router3(config-if-FastEthernet 0/1)#ip address 192.168.4.1 255.255.255.0
Router3(config-if-FastEthernet 0/1)#exit
Router3(config)#
```

（3）配置路由器的 RIP 协议，实现全网互连。

① 完成路由器 Router1 的 RIPv2 信息配置。

```
Router1(config)#Router rip                      ! 配置 RIP 进程
Router1(config-Router)#version 2                ! 指定 RIPv2 版本
Router1(config-Router)#no auto-summary          ! 不自动汇总
Router1(config-Router)#network 192.168.1.0      ! 通告直连接口
Router1(config-Router)#network 192.168.2.0      ! 通告直连接口
Router1(config-Router)#exit
Router1(config)#
```

② 完成路由器 Router2 的 RIPv2 信息配置。

```
Router2(config)#Router rip
Router2(config-Router)# version 2               ! 指定 RIPv2 版本
Router2(config-Router)# no auto-summary         ! 不自动汇总
Router2(config-Router)# network 192.168.2.0
Router2(config-Router)# network 192.168.3.0
Router2(config-Router)#exit
Router2(config)#
```

③ 完成路由器 Router3 的 RIPv2 信息配置。

```
Router3(config)#Router rip
Router3(config-Router)# version 2               ! 指定 RIPv2 版本
Router3(config-Router)# no auto-summary         ! 不自动汇总
Router3(config-Router)#network 192.168.3.0
Router3(config-Router)# network 192.168.4.0
```

```
Router3(config-Router)#exit
Router3(config)#
```

（4）配置测试计算机 PC1 和 PC2 的 IP 地址和网关。

分别打开测试计算机 PC1 和 PC2，完成 IP 地址和网关配置。限于篇幅，此处配置内容省略。

（5）验证测试。

分别打开测试计算机 PC1 和 PC2，在 PC1 和 PC2 上使用 Ping 命令，Ping 对方的 IP 地址，可以互相 Ping 通。

打开路由器设备，查看路由表，可以查看到通过 RIPv2 动态路由协议获取到的 RIP 路由条目。限于篇幅，此处配置内容省略。

【任务实施】配置三层交换机 RIP 路由

【任务规划】

如图 5-5 所示为安装在校园网中互相连接的三层交换机 SW1 和 SW2。其中，模拟办公网中测试计算机 PC1 和 PC2 分别连在 SW1 和 SW2 上，三层交换机 SW1 的 G0/1 口与 PC1 相连，SW1 的 G0/2 和 SW2 的 G0/1 相连，三层交换机的 SW2 的 G0/2 与 PC2 相连。

测试计算机 PC1 的 IP 地址规划为 192.168.1.1/24，PC2 的 IP 地址规划为 192.168.3.2/24。

三层交换机 SW1 的 G0/1 口使用 Access 口，使用 VLAN 10 的接口 IP 地址 192.168.1.2 充当用户网关；SW2 的 G0/2 口使用 Access 口，使用 VLAN 30 的接口 IP 地址 192.168.3.1 充当用户网关。

三层交换机 SW1 的 G0/2 接口 IP 地址规划为 192.168.2.1/24，SW2 的 G0/1 口接口 IP 地址规划为 192.168.2.2/24。通过配置 RIP 使得测试计算机 PC1 和 PC2 可以互相通信。

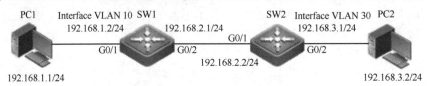

图 5-5　三层交换机 RIP 路由场景

【实施过程】

该任务的详细配置步骤如下。

（1）按照拓扑图完成组网。

按照拓扑图完成网络场景组建。如果有相应接口变化，则修改接口名称，配置信息没有变化。

（2）配置互相连接的三层交换机的基本信息。

① 配置三层交换机 SW1 的基本信息。

```
Switch>enable
Switch #config terminal
Switch(config)#hostname SW1
SW1(config)#vlan 10
```

```
SW1(config-vlan)#int vlan 10
SW1(config-if-VLAN 10)#ip address 192.168.1.2 255.255.255.0
SW1(config-if-VLAN 10)#exit

SW1(config)#int gi0/1
SW1(config-if-GigabitEthernet 0/1)#Switchport access vlan 10
SW1(config-if-GigabitEthernet 0/1)#exit

SW1(config)#int gi 0/2
SW1(config-if-GigabitEthernet 0/2)#no switch
SW1(config-if-GigabitEthernet 0/2)#ip address 192.168.2.1 255.255.255.0
SW1(config-if-GigabitEthernet 0/2)#exit
```

② 配置三层交换机 SW2 的基本信息。

```
Switch>enable
Switch #config terminal
Switch (config)#hostname SW2
SW2(config)#vlan 30
SW2(config-vlan)#int vlan 30
SW2(config-if-VLAN 10)#ip address 192.168.3.1 255.255.255.0
SW2(config-if-VLAN 10)#exit

SW2(config)#int gi0/1
SW2(config-if-GigabitEthernet 0/1)#no switch
SW2(config-if-GigabitEthernet 0/1)#ip address 192.168.2.2 255.255.255.0
SW2(config-if-GigabitEthernet 0/1)#exit

SW2(config)#int gi0/2
SW2(config-if-GigabitEthernet 0/2)#Switchport access vlan 30
SW2(config-if-GigabitEthernet 0/2)#exit
```

（3）配置互相连接的三层交换机 RIP 路由信息。

① 配置三层交换机 SW1 的 RIP 路由信息。

```
SW1(config)#Router rip
SW1(config-Router)#version 2
SW1(config-Router)#no auto-summary

SW1(config-Router)#network 192.168.1.0
SW1(config-Router)#network 192.168.2.0
SW1(config-Router)#end
```

② 配置三层交换机 SW2 的 RIP 路由信息。

```
SW2(config)#Router rip
SW2(config-Router)# version   2
SW2(config-Router)#no auto-summary
```

```
SW2(config-Router)#network 192.168.2.0
SW2(config-Router)#network 192.168.3.0
SW2(config-Router)#end
```

（4）验证和测试。

① 配置测试计算机的 IP 地址和网关。

配置测试计算机 PC1 和 PC2 的 IP 地址和网关的过程见之前任务。其中，规划的地址信息如下：

PC1 的 IP 地址为 192.168.1.1/24，网关为 192.168.1.2；

PC2 的 IP 地址为 192.168.3.2/24，网关为 192.168.3.1。

限于篇幅，此处配置内容省略。

② 测试网络连通性。

打开测试计算机 PC1 和 PC2，使用"开始"→"运行"→"CMD"命令，转到 DOS 命令操作状态，使用 Ping 命令检查网络连通情况。测试计算机 PC1 和 PC2 可以相互通信。

③ 查看路由表。

分别登录到两台三层交换机上，使用"show ip route"命令查看路由表，观察其中学习到的 RIP 路由条目。限于篇幅，此处配置内容省略。

5.2 任务 2　使用 OSPF 路由实现网络互连

【任务描述】

北京某小学的教学区域有三栋楼，每栋楼都部署一台路由器，通过三台路由器实现三栋楼中网络的互连互通。需要在全网配置 OSPF 动态路由，实现全网的互连互通。

【技术指导】

5.2.1　什么是链路状态路由

链路状态路由协议又称最短路径优先协议，它基于最短路径优先算法，比距离矢量路由协议复杂得多，但其基本功能和配置却很简单，甚至算法也容易理解。

路由器的链路状态的信息被称为链路状态，包括接口的 IP 地址和子网掩码、网络类型、该链路的开销、该链路上的所有的相邻路由器。

距离矢量协议和链路状态协议的主要区别如下：

● 生成路由的方式不同；

● 衡量路径优劣的参数不同。

距离矢量协议是平面式的，所有的路由学习完全依靠邻居，交换的是路由表；链路状态路由协议是层次式的，网络中的路由器并不向邻居传递路由表，而通告给邻居的是链路状态。

运行链路状态路由协议的路由器不是简单地从相邻的路由器学习路由，而是把路由器分成区域，收集区域内所有路由器的链路状态信息，根据状态信息生成网络拓扑结构，每一台路由器再根据拓扑结构计算出路由。

距离矢量协议选择路径的参数是以跨路由器的个数为准的，而链路状态协议选择路径的参数是带宽等链路参数。

距离矢量协议的代表有 RIP 等协议，链路状态协议的代表有 OSPF 等协议。

5.2.2　了解 OSPF 路由技术

1. OSPF 路由概述

OSPF（Open Shortest Path First，开放最短路径优先）是一种基于链路状态的内部网关路由协议。OSPF 运行在单一自治系统内，这里的单一自治系统是指一组运行 OSPF 路由协议的路由器，组成了 OSPF 路由域的自治域系统。

一个自治域系统是指由一个组织机构控制管理的所有路由器，自治域系统内部只运行一种 IGP 路由协议，自治域系统之间通常采用 BGP 路由协议进行路由信息交换。不同的自治域系统可以选择相同的 IGP 路由协议，如果要连接到互联网，每个自治域系统都需要向相关组织申请自治域系统编号。

OSPF 能对网络的变化做出快速响应。当网络变化时，OSPF 是以触发的方式进行更新的，但 OSPF 也定期（30 分钟）更新整个链路状态。OSPF 是对链路状态路由协议的一种实现。

OSPF 使用最短路径优先算法来计算最短路径树，生成路由表。OSPF 支持区域划分，可适用于大规模的网络。专为 IP 开发的路由协议，直接运行在 IP 层上面，协议号为 89，采用组播方式进行 OSPF 包交换，组播地址为 224.0.0.5（全部 OSPF 路由器）和 224.0.0.6（指定路由器）。

2. 了解 OSPF 路由相关的概念

OSPF 中相关的概念主要有如下内容。
- 自治系统（Autonomous System）：指使用同一种路由协议交换路由信息的一组路由器，简称 AS。
- 路由 ID（Router ID）：用于在 AS 中唯一地标识一台运行 OSPF 的路由器的 32 位整数，每个运行 OSPF 的路由器都必须有一个 Router ID。
- 邻居（Neighbor）：设备启动 OSPF 路由协议后，便会通过接口向外发送 Hello 报文。收到 Hello 报文的其他启动了 OSPF 路由协议的设备会检查报文中所定义的一些参数，如果双方一致就会形成邻居关系。
- 邻接（Adjacency）：形成邻居关系的双方不一定都能形成邻接关系，当两台路由设备之间交换路由信息通告，并在此基础上建立了自己的链路状态数据库之后，才形成了邻接的关系。

5.2.3　掌握 OSPF 路由工作原理

1. 什么是 OSPF 路由算法

OSPF 路由协议利用链路状态算法，建立和计算到每个目标网络的最短路径，该算法本身十分复杂，以下简单地、概括性地描述了链路状态算法工作的总体过程。

（1）初始化阶段，路由器将产生链路状态通告，该链路状态通告包含了该路由器的全部链路状态。

（2）所有路由器通过组播的方式交换链路状态信息，每台路由器接收到链路状态更新报文时，将复制一份到本地数据库，然后传播给其他路由器。

（3）当每台路由器都有一份完整的链路状态数据库时，路由器应用 Dijkstra 算法针对所有目标网络计算最短路径树。该算法中路由器把自己当成根，计算出从根到达 SPF 树上每个节点的最低开销路径。最低开销路径最终被放到路由表中。

在 OSPF 中，每台路由器都独立地运行 OSPF 算法，但是，最终的结果对所有的路由器来说应该都是一致的。

如果没有链路开销、网络增删变化，那么 OSPF 将会十分安静；但如果网络发生了任何变化，那么 OSPF 将通过链路状态进行通告，但只通告变化的链路状态，变化涉及的路由器将重新运行 Dijkstra 算法，生成新的最短路径树。

2. OSPF 路由工作过程

OSPF 路由工作过程，简单地说就是两台相邻的路由器通过发报文的形式成为邻居关系，邻居再相互发送链路状态信息形成邻接关系，之后各自根据最短路径算法算出路由，放在 OSPF 路由表中，OSPF 路由与其他路由比较后，将更优的加入全局路由表。

整个 OSPF 路由工作过程使用了五种报文、三个阶段、四张表来实现。

（1）OSPF 路由工作过程使用的五种 OSPF 路由沟通报文如下。

● Hello 报文：建立并维护邻居关系。
● DBD 报文：发送链路状态头部信息。
● LSR 报文：把从 DBD 中找出的需要的链路状态头部信息传给邻居，请求完整信息。
● LSU 报文：将 LSR 请求的头部信息对应的完整信息发给邻居。
● LSAck：收到 LSU 报文后确认该报文。

（2）OSPF 路由工作过程中经过的三个阶段如下。

● 邻居发现：通过发送 Hello 报文形成邻居关系。
● 路由通告：邻居间发送链路状态信息形成邻接关系。
● 路由计算：根据最短路径算法算出路由表。

（3）OSPF 路由工作过程中使用到的四张信息记录表如下。

● 邻居表：主要记录形成邻居关系的路由器。
● 链路状态数据库：记录链路状态信息。
● OSPF 路由表：通过链路状态数据库得出。
● 全局路由表：通过 OSPF 路由与其他路由比较得出。

整个 OSPF 路由工作的具体工作过程，如图 5-6 所示。下面分别对工作过程中的各个阶段予以说明。

（1）启动进程，从接口发送 Hello 报文。

（2）收到 Hello 报文，检查参数，若匹配，则把 Hello 报文中的 Router ID 放入邻居表，标识为 Init 状态；并将该 Router ID 添加到 Hello 报文（自己将要从该接口发送出去的 Hello 报文）的邻居列表中。

（3）收到的 Hello 报文的邻居列表中含有自己的 Router ID，则标识为 2-way 状态。

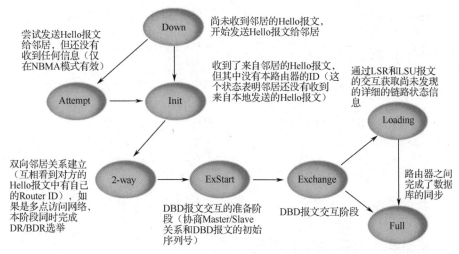

图 5-6　OSPF 工作过程

（4）点对点链路形成邻接关系，广播、NBMA 网络类型的链路进行 DR 选举。

（5）形成邻接关系，进入 ExStart（准启动）状态。通过 DBD 报文选举主从路由器。

（6）主从路由器选举完成，进入 Exchange（交换）状态，通过 DBD 报文描述 LSDB。

（7）进入 Loading 状态，对链路状态数据库和收到的 DBD 报文的 LSA 头部进行比较，发现自己数据库中没有的 LSA 就发送 LSR，向邻居请求该 LSA；邻居收到 LSR 后，回应 LSU；收到邻居发来的 LSU，存储这些 LSA 到自己的链路状态数据库，并发送 LSAck 确认。

（8）进入 Full 状态，同步 LSDB，同一个区域的 OSPF 路由器都拥有相同链路状态数据库。

（9）定期发送 Hello 报文，维护邻居关系。

（10）每台路由器独立进行 SPF 计算，选择最佳路径，放入路由表中。

5.2.4　配置 OSPF 路由

通过以下步骤完成 OSPF 路由配置。

（1）创建 OSPF 路由进程。

```
Router(config)#Router ospf process-id
！process-id 只在本路由器内有效
```

（2）通告直连接口。

```
Router(config-Router)#network network wildcard-mask area area-id
            ！network 为网段，wildcard-mask 为反掩码或掩码均可，area-id 为区域号
```

（3）查看及维护类命令。

```
Router# show ip route               ！显示路由表
……
Router# show ip ospf neighbor detail   ！显示 OSPF 邻居详细信息
……
Router# show ip ospf database          ！显示拓扑数据库的内容
……
```

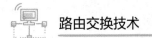
Router# show ip ospf interface	！检验已经配置在目标区域中的接口
......	
Router# show ip ospf	！显示 OSPF 协议信息
......	
Router# clear ip route *	！清除路由表
......	
Router# debug ip ospf	！调试 OSPF 协议
......	

5.2.5 掌握 OSPF 区域技术

1. OSPF 多区域划分的背景

如图 5-7 所示，单区域 OSPF 主要有如下问题。

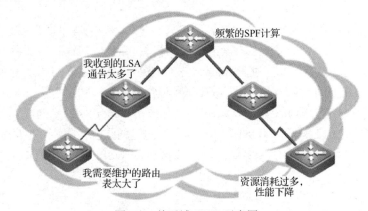

图 5-7 单区域 OSPF 示意图

● 同一个区域内所有路由器的 LSDB 完全相同。
● 收到的 LSA 通告太多了。
● 内部链路动荡会引起全网路由器的完全 SPF 计算。
● 区域内路由无法汇总，需要维护的路由表越来越大，资源消耗过多，性能下降，影响数据转发。

如图 5-8 所示，多区域 OSPF 可解决如下问题。

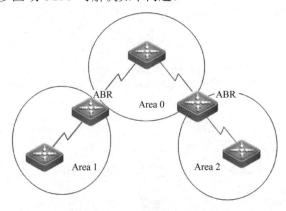

图 5-8 多区域 OSPF 示意图

（1）把大型网络分隔为多个较小、可管理的单元。

（2）网络类型影响邻居关系、毗邻关系的形成及路由计算，主要有以下好处。

第一，控制 LSA 只在区域内洪泛，有效地把拓扑变化控制在区域内，将其影响限制在本区域内。第二，提高了网络的稳定性和扩展性，有利于组建大规模的网络。在区域边界可以做路由汇总，缩小了路由表。

2．OSPF 多区域中路由器角色

当 OSPF 路由域规模较大时，一般采用分层结构，即将 OSPF 路由域分割成几个区域（Area），区域之间通过一个骨干区域互连，每个非骨干区域都需要直接与骨干区域连接。

在 OSPF 路由域中，根据路由器的部署位置，可以将路由器分为以下三种角色。

（1）IR（Internal Router，内部路由器），区域内部路由器所有接口在同一个 Area 内，同一区域内的所有内部路由器的 LSDB 完全相同。

（2）ABR（Area Border Router，区域边界路由器），区域边界路由器的接口网络至少属于两个区域，其中一个必须为骨干区域 Area 0。ABR 为它们所连接的每个区域分别维护单独的 LSDB。区域间路由信息必须通过 ABR 才能进出区域。ABR 是区域路由信息的进出口，也是区域间数据的进出口。

（3）ASBR（Autonomous System Boundary Routers，自治域边界路由器），是 OSPF 路由域与外部路由域进行路由交换的必经之路。ASBR 通过重发布引入其他路由协议或其他进程的路由信息。

3．多区域 OSPF 工作原理

1）多区域 OSPF 的特点

Area 0 为骨干区域，骨干区域负责在非骨干区域之间发布由区域边界路由器汇总的路由信息（并非详细的链路状态信息）。

为了避免区域间路由环路，非骨干区域之间不允许直接相互发布区域间路由信息。因此，所有其他区域边界路由器都至少有一个接口属于 Area 0，即每个区域都必须连接到骨干区域，如图 5-9 所示。多区域 OSPF 有以下特点。

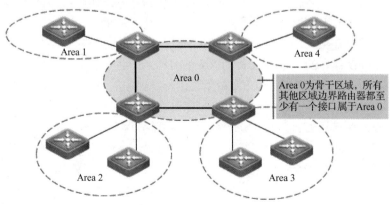

图 5-9　多区域 OSPF 区域示意图

- LSA 洪泛和链路状态数据库同步只在区域内进行，每个区域都有自己独立的链路状态数据库，SPF 计算独立进行。
- 所有区域必须和骨干区域直接连接，骨干区域必须是连续的。
- 区域边界路由器把区域内的路由转换成区域间路由。
- 形成邻居关系的路由器相连接口必须在同一区域内。

2）多区域中的 LSA 类型

在 OSPF 中常见的 LSA 类型如表 5-1 所示。

表 5-1　常见的 LSA 类型

LSA 类型	由谁产生的	作　　用	路由表显示
LSA 1	每个 OSPF 路由器	描述区域内部与路由器直连的链路信息	O
LSA 2	DR	描述广播型网络信息	O
LSA 3	ABR	描述区域间信息	O IA
LSA 4	ABR	描述 ASBR 可达信息	O IA
LSA 5	ASBR	描述引入的外部路由	O E2/O E1
LSA 7	ASBR	在 NSSA 区域中描述引入的外部路由	

1 类 LSA，路由器 LSA。OSPF 网络中所有路由器都会产生 1 类 LSA，它表示路由器自己在本区域内的直连链路信息。该类 LSA 仅在本区域内传播。其中，Link ID 跟 ADV Router 写的都是该路由器的 Router ID。

2 类 LSA，网络 LSA。在广播或非广播模式下（NBMA）由 DR 生成。2 类 LSA 表达的意思是在某区域内，在广播或非广播的网段内选举了 DR，于是 DR 在本区域范围内利用 2 类 LSA 来进行通告。该 LSA 仅在本区域内传播。其中，该 LSA 的 Link ID 就是该 DR 的接口 IP 地址，而 ADV Router 则是 DR 的 Router ID。

3 类 LSA，网络汇总 LSA。由区域边界路由器 ABR 生成，用于将一个区域内的网络通告给 OSPF 中的其他区域。可以认为 3 类 LSA 保存着本区域以外的所有其他区域的网络。

4 类 LSA，ASBR 汇总 LSA。4 类 LSA 跟 5 类 LSA 是紧密联系在一起的，可以说 4 类 LSA 是由于 5 类 LSA 的存在而产生的。4 类 LSA 由距离本路由器最近的 ABR 生成，可以这样理解：如果路由器想要找到包含了外部路由的那台 ASBR（自治系统边界路由器）的话，你应该要到达哪台 ABR 呢？这台 ABR 的 Router ID 就写在该 LSA 的 ADV Router 里面，而 LSA 里面的 Link ID 代表的是该 ASBR 的 Router ID。

5 类 LSA，外部的 LSA。5 类 LSA 由包含了外部路由的 ASBR 产生，目标是把某外部路由通告给 OSPF 进程的所有区域（特殊区域除外，下面会提到）。5 类 LSA 可以穿越所有区域，意思是在跨区域通告时，该 LSA 的 Link ID 和 ADV Router 一直保持不变。通俗一点来说，就好比该 ASBR 对 OSPF 全网络的所有路由器说，我有这个外部路由，想去的话就来找我吧！其中，Link ID 代表的是那台 ASBR 所引入的网络，ADV Router 则是该 ASBR 的 Router ID。

7 类 LSA，是一种由 NSSA 区域中引入了外部路由的路由器生成的 LSA，它仅在 NSSA 本区域内传播。由于 NSSA 区域不允许外部的路由进来从而禁止了 5 类 LSA，那么，为了能够把自己的外部路由传播出去，于是使用了 7 类 LSA 来代替 5 类 LSA 的功能。

【任务实施】配置单区域 OSPF 路由

【任务规划】

北京某小学的教学区域有三栋楼，每栋楼都部署一台路由器，通过三台路由器实现三栋楼中网络的互连互通。如图 5-10 所示，模拟办公的测试计算机 PC1 连接第一栋大楼的路由器 Router1 的 Fa0/0 口，Router1 的 Fa0/1 口连接第二栋大楼的路由器 Router2 的 Fa0/0 口；第二栋大楼的路由器 Router2 的 Fa0/1 口连接第三栋大楼的路由器 Router3 的 Fa0/0 口；第三栋大楼的路由器 Router3 的 Fa0/1 口连接测试计算机 PC2。

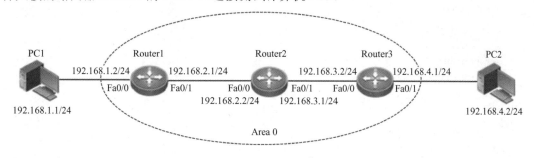

图 5-10　单区域 OSPF 路由互连拓扑

模拟办公的测试计算机 PC1 的 IP 地址规划为 192.168.1.1/24，网关为 192.168.1.2；PC2 的 IP 地址规划为 192.168.4.2/24，网关为 192.168.4.1。

路由器 Router1 的 Fa0/0 口的 IP 地址规划为 192.168.1.2/24，Fa0/1 口的 IP 地址规划为 192.168.2.1/24；路由器 Router2 的 Fa0/0 口的 IP 地址规划为 192.168.2.2/24，Fa0/1 口的 IP 地址规划为 192.168.3.1/24；路由器 Router3 的 Fa0/0 口的 IP 地址规划为 192.168.3.2/24，Fa0/1 口的 IP 地址规划为 192.168.4.1/24。

需要通过配置 OSPF 路由协议使测试计算机 PC1 和 PC2 可以互相通信。

【实施过程】

该任务的详细配置步骤如下。

（1）按照拓扑图完成组网。

按照拓扑图完成网络场景组建。如果有相应接口变化，则修改接口名称，配置信息没有变化。

（2）配置测试计算机的 IP 地址和网关信息。

打开测试计算机 PC1 和 PC2，完成 IP 地址和网关的配置。其中，测试计算机的 IP 地址规划信息如下：

PC1 的 IP 地址为 192.168.1.1/24，网关为 192.168.1.2。

PC2 的 IP 地址为 192.168.4.2/24，网关为 192.168.4.1。

限于篇幅，此处配置内容省略。

（3）配置互连路由器设备的接口 IP 地址。

① 完成路由器 Router1 的基本信息配置。

```
Router>enable
```

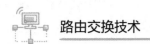

```
Router#config terminal
Router(config)#hostname Router1

Router1(config)#int fa0/0
Router1(config-if-FastEthernet 0/0)#ip address 192.168.1.2 255.255.255.0
Router1(config-if-FastEthernet 0/0)#exit

Router1(config)#int fa0/1
Router1(config-if-FastEthernet 0/1)#ip address 192.168.2.1 255.255.255.0
Router1(config-if-FastEthernet 0/1)#exit
Router1(config)#
```

② 完成路由器 Router2 的基本信息配置。

```
Router>enable
Router#config terminal
Router(config)#hostname Router2

Router2(config)#int fa0/0
Router2(config-if-FastEthernet 0/0)#ip address 192.168.2.2 255.255.255.0
Router2(config-if-FastEthernet 0/0)#exi

Router2(config)#int fa0/1
Router2(config-if-FastEthernet 0/1)#ip address 192.168.3.1 255.255.255.0
Router2(config-if-FastEthernet 0/1)#exit
Router2(config)#
```

③ 完成路由器 Router3 的基本信息配置。

```
Router>enable
Router#config terminal
Router(config)#hostname Router3

Router3(config)#int fa0/0
Router3(config-if-FastEthernet 0/0)#ip address 192.168.3.2 255.255.255.0
Router3(config-if-FastEthernet 0/0)#exit

Router3(config)#int fa0/1
Router3(config-if-FastEthernet 0/1)#ip address 192.168.4.1 255.255.255.0
Router3(config-if-FastEthernet 0/1)#exit
Router3(config)#
```

（4）配置全网的路由器的 OSPF 动态路由。

① 完成路由器 Router1 的 OSPF 动态路由信息配置。

```
Router1(config)#Router ospf 100
                                      ！创建 OSPF 协议
Router1(config-Router)#network 192.168.1.0 0.0.0.255 area 0
                                      ！通告直连接口
Router1(config-Router)#network 192.168.2.0 0.0.0.255 area 0
```

```
                                        ! 通告直连接口
Router1(config-Router)#end
```

② 完成路由器 Router2 的 OSPF 动态路由信息配置。

```
Router2(config)#Router ospf 100
                                        ! 创建 OSPF 协议
Router2(config-Router)#network 192.168.2.0 0.0.0.255 area 0
                                        ! 通告直连接口
Router2(config-Router)#network 192.168.3.0 0.0.0.255 area 0
                                        ! 通告直连接口
Router2(config-Router)#end
Router2#
```

③ 完成路由器 Router3 的 OSPF 动态路由信息配置。

```
Router3(config)#Router ospf 100
                                        ! 创建 OSPF 协议
Router3(config-Router)#network 192.168.3.0 0.0.0.255 area 0
                                        ! 通告直连接口
Router3(config-Router)#network 192.168.4.0 0.0.0.255 area 0
                                        ! 通告直连接口
Router3(config-Router)#end
```

> 备注：配置 OSPF 时只需要在通告直连的接口网段后面加反掩码和区域号，互连的接口的区域号相同，OSFP 的进程号可以不同。

（5）测试和验证。

① 测试网络连通性。打开测试计算机 PC1 和 PC2，使用"开始"→"运行"→"CMD"命令，转到 DOS 命令操作状态，使用 Ping 命令检查网络连通情况。测试计算机 PC1 和 PC2 之间能互相 Ping 通。

限于篇幅，此处配置内容省略。

② 查看路由信息。登录路由器 Router1，查看 OSPF 邻居状态，结果如图 5-11 所示。

```
router1#show ip ospf neighbor
OSPF process 100, 1 Neighbors, 1 is Full:
Neighbor ID    Pri   State        BFD State  Dead Time  Address       Interface
192.168.3.1     1    Full/BDR       -        00:00:35   192.168.2.2   FastEthernet 0/1

router2#show ip ospf neighbor
OSPF process 100, 2 Neighbors, 2 is Full:
Neighbor ID    Pri   State        BFD State  Dead Time  Address       Interface
192.168.2.1     1    Full/DR        -        00:00:32   192.168.2.1   FastEthernet 0/0
192.168.4.1     1    Full/BDR       -        00:00:33   192.168.3.2   FastEthernet 0/1

router3#show ip ospf neighbor
OSPF process 100, 1 Neighbors, 1 is Full:
Neighbor ID    Pri   State        BFD State  Dead Time  Address       Interface
192.168.3.1     1    Full/DR        -        00:00:37   192.168.3.1   FastEthernet 0/0
```

图 5-11　OSPF 邻居状态

Router1#show ip ospf neighbor

> 备注：相邻的路由器形成邻居关系时，正常情况下大部分为 Full 状态。如果 Area 号不一致，则无法形成邻居关系。

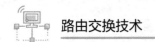

分别登录到路由器 Router1、Router2、Router3 上，查看路由表，结果如图 5-12 至图 5-14 所示。

```
router1#show ip route
Codes:  C - connected, S - static, R - RIP, B - BGP
        O - OSPF, IA - OSPF inter area
        N1 - OSPF NSSA external type 1, N2 - OSPF NSSA external type 2
        E1 - OSPF external type 1, E2 - OSPF external type 2
        i - IS-IS, su - IS-IS summary, L1 - IS-IS level-1, L2 - IS-IS level-2
        ia - IS-IS inter area, * - candidate default
Gateway of last resort is no set
C    192.168.1.0/24 is directly connected, FastEthernet 0/0
C    192.168.1.2/32 is local host.
C    192.168.2.0/24 is directly connected, FastEthernet 0/1
C    192.168.2.1/32 is local host.
O    192.168.3.0/24 [110/2] via 192.168.2.2, 00:16:24, FastEthernet 0/1
O    192.168.4.0/24 [110/3] via 192.168.2.2, 00:13:32, FastEthernet 0/1
```

图 5-12　Router1 路由表

```
router2#show ip route
Codes:  C - connected, S - static, R - RIP, B - BGP
        O - OSPF, IA - OSPF inter area
        N1 - OSPF NSSA external type 1, N2 - OSPF NSSA external type 2
        E1 - OSPF external type 1, E2 - OSPF external type 2
        i - IS-IS, su - IS-IS summary, L1 - IS-IS level-1, L2 - IS-IS level-2
        ia - IS-IS inter area, * - candidate default
Gateway of last resort is no set
O    192.168.1.0/24 [110/2] via 192.168.2.1, 00:16:45, FastEthernet 0/0
C    192.168.2.0/24 is directly connected, FastEthernet 0/0
C    192.168.2.2/32 is local host.
C    192.168.3.0/24 is directly connected, FastEthernet 0/1
C    192.168.3.1/32 is local host.
O    192.168.4.0/24 [110/2] via 192.168.3.2, 00:13:50, FastEthernet 0/1
```

图 5-13　Router2 路由表

```
router3#show ip route
Codes:  C - connected, S - static, R - RIP, B - BGP
        O - OSPF, IA - OSPF inter area
        N1 - OSPF NSSA external type 1, N2 - OSPF NSSA external type 2
        E1 - OSPF external type 1, E2 - OSPF external type 2
        i - IS-IS, su - IS-IS summary, L1 - IS-IS level-1, L2 - IS-IS level-2
        ia - IS-IS inter area, * - candidate default
Gateway of last resort is no set
O    192.168.1.0/24 [110/3] via 192.168.3.1, 00:14:05, FastEthernet 0/0
O    192.168.2.0/24 [110/2] via 192.168.3.1, 00:14:05, FastEthernet 0/0
C    192.168.3.0/24 is directly connected, FastEthernet 0/0
C    192.168.3.2/32 is local host.
C    192.168.4.0/24 is directly connected, FastEthernet 0/1
C    192.168.4.1/32 is local host.
```

图 5-14　Router3 路由表

Router1#show ip route

> 备注：以 "O" 开头的路由为 OSPF 协议学到的路由，管理距离为 110，Metric 为各链路开销的总和。

【任务实施】配置多区域 OSPF 路由

【任务规划】

如图 5-15 所示为重新规划某小学的教学区域三栋楼中的路由器部署。其中，测试计算机 PC1 连接 Router1 路由器的 Fa0/0 口，Router1 路由器的 Fa0/1 口连接 Router2 的 Fa0/0 口，Router2 路由器的 Fa0/1 口连接 Router3 路由器的 Fa0/0 口，Router3 路由器的 Fa0/1 口连接 PC2。

测试计算机 PC1 的 IP 地址规划为 192.168.1.1/24，网关为 192.168.1.2；PC2 的 IP 地址规划为 192.168.4.2/24，网关为 192.168.4.1。

Router1 路由器的 Fa0/0 口的 IP 地址规划为 192.168.1.2/24，Fa0/1 口的 IP 地址规划为 192.168.2.1/24；路由器 Router2 的 Fa0/0 口的 IP 地址规划为 192.168.2.2/24，Fa0/1 口的 IP 地址规划为 192.168.3.1/24；路由器 Router3 的 Fa0/0 口的 IP 地址规划为 192.168.3.2/24，Fa0/1 口的 IP 地址规划为 192.168.4.1/24。

需要通过配置 OSPF 多区域路由协议，其中，路由器 Router1 和 Router2 部分接口部署在 Area 0 区域中；路由器 Router2 和 Router3 的部分接口部署在 Area 1 中。通过部署的多区域 OSPF 路由，实现全网互连互通。

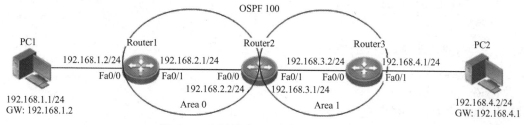

图 5-15　多区域 OSPF 路由互连拓扑结构

【实施过程】

该任务的详细配置步骤如下。

（1）按照拓扑图完成组网。

按照拓扑图完成网络场景组建。如果有相应接口变化，则修改接口名称，配置信息没有变化。

（2）配置测试计算机的 IP 地址和网关信息。

打开测试计算机 PC1 和 PC2，完成 IP 地址和网关的配置。其中，测试计算机的 IP 地址规划信息如下：

PC1 的 IP 地址规划为 192.168.1.1/24，网关为 192.168.1.2。

PC2 的 IP 地址规划为 192.168.4.2/24，网关为 192.168.4.1。

限于篇幅，此处配置内容省略。

（3）配置互连路由器的接口 IP 地址。

① 完成路由器 Router1 的基本信息配置。

```
Router >enable
Router #config terminal
Router(config)#hostname Router1
Router1(config)#int fa0/0
Router1(config-if-FastEthernet 0/0)#ip address 192.168.1.2 255.255.255.0
Router1(config-if-FastEthernet 0/0)#exit

Router1(config)#int fa0/1
Router1(config-if-FastEthernet 0/1)#ip address 192.168.2.1 255.255.255.0
Router1(config-if-FastEthernet 0/1)#exit
Router1(config)#
```

② 完成路由器 Router2 的基本信息配置。

```
Router >enable
Router #config terminal
Router(config)#hostname Router2
Router2(config)#int fa0/0
Router2(config-if-FastEthernet 0/0)#ip address 192.168.2.2 255.255.255.0
Router2(config-if-FastEthernet 0/0)#exit

Router2(config)#int fa0/1
Router2(config-if-FastEthernet 0/1)#ip address 192.168.3.1 255.255.255.0
Router2(config-if-FastEthernet 0/1)#exit
Router2(config)#
```

③ 完成路由器 Router3 的基本信息配置。

```
Router >enable
Router #config terminal
Router(config)#hostname Router3

Router3(config)#int fa0/0
Router3(config-if-FastEthernet 0/0)#ip address 192.168.3.2 255.255.255.0
Router3(config-if-FastEthernet 0/0)#exit

Router3(config)#int fa0/1
Router3(config-if-FastEthernet 0/1)#ip address 192.168.4.1 255.255.255.0
Router3(config-if-FastEthernet 0/1)#exit
```

（4）配置互连路由器的多区域的 OSPF 路由。

① 完成路由器 Router1 的 OSPF 多区域动态路由信息配置。

```
Router1(config)#Router ospf 100                  ! 创建 OSPF 协议
Router1(config-Router)#network 192.168.1.0 0.0.0.255 area 0
                                                 ! 通告直连接口
Router1(config-Router)#network 192.168.2.0 0.0.0.255 area 0
                                                 ! 通告直连接口
Router1(config-Router)#end
```

② 完成路由器 Router2 的 OSPF 多区域动态路由信息配置。

```
Router2(config)#Router ospf 100                  ! 创建 OSPF 协议
Router2(config-Router)#network 192.168.2.0 0.0.0.255 area 0
                                                 ! 通告直连接口
Router2(config-Router)#network 192.168.3.0 0.0.0.255 area 1
                                                 ! 通告直连接口
Router2(config-Router)#end
```

③ 完成路由器 Router3 的 OSPF 多区域动态路由信息配置。

```
Router3(config)#Router ospf 100                  ! 创建 OSPF 协议
Router3(config-Router)#network 192.168.3.0 0.0.0.255 area 1
```

```
                                           ! 通告直连接口
Router3(config-Router)#network 192.168.4.0 0.0.0.255 area 1
                                           ! 通告直连接口
Router3(config-Router)#end
```

> 备注：多区域需要有 Area 0 且其他 Area 要和 Area 0 相连。邻居的 Area 编号要一致，而同一个设备可以在多个 Area 中。

（5）验证和测试。

① 测试网络连通性。

打开测试计算机 PC1 和 PC2，使用"开始"→"运行"→"CMD"命令，转到 DOS 命令操作状态，使用 Ping 命令检查网络连通情况。PC1 和 PC2 之间能互相 Ping 通。

限于篇幅，此处配置内容省略。

② 查看路由信息。

分别登录路由器 Router1、Router2、Router3，查看 OSPF 链路状态数据库，结果如图 5-16 至图 5-18 所示。

```
router1#show ip ospf database
 OSPF Router with ID (192.168.2.1) (Process ID 100)
                Router Link States (Area 0.0.0.0)
Link ID         ADV Router      Age  Seq#        CkSum  Link count
192.168.2.1     192.168.2.1     151  0x80000009 0x0a14  2
192.168.3.1     192.168.3.1     653  0x8000000a 0xc7cc  1
192.168.4.1     192.168.4.1     1443 0x80000006 0x2ee8  2
                Network Link States (Area 0.0.0.0)
Link ID         ADV Router      Age  Seq#        CkSum
192.168.2.1     192.168.2.1     151  0x80000004 0x950f
                Summary Link States (Area 0.0.0.0)
Link ID         ADV Router      Age  Seq#        CkSum  Route
192.168.3.0     192.168.3.1     659  0x80000001 0x7b07 192.168.3.0/24
192.168.4.0     192.168.3.1     585  0x80000001 0x7a06 192.168.4.0/24
```

图 5-16　Router1 OSPF 链路状态数据库

```
router2#show ip ospf database
        OSPF Router with ID (192.168.3.1) (Process ID 100)
                Router Link States (Area 0.0.0.0)
Link ID         ADV Router      Age  Seq#        CkSum  Link count
192.168.2.1     192.168.2.1     179  0x80000009 0x0a14  2
192.168.3.1     192.168.3.1     680  0x8000000a 0xc7cc  1
192.168.4.1     192.168.4.1     1470 0x80000006 0x2ee8  2
                Network Link States (Area 0.0.0.0)
Link ID         ADV Router      Age  Seq#        CkSum
192.168.2.1     192.168.2.1     179  0x80000004 0x950f
                Summary Link States (Area 0.0.0.0)
Link ID         ADV Router      Age  Seq#        CkSum  Route
192.168.3.0     192.168.3.1     686  0x80000001 0x7b07 192.168.3.0/24
192.168.4.0     192.168.3.1     612  0x80000001 0x7a06 192.168.4.0/24
                Router Link States (Area 0.0.0.1)
Link ID         ADV Router      Age  Seq#        CkSum  Link count
192.168.3.1     192.168.3.1     614  0x80000005 0xe3b3  1
192.168.4.1     192.168.4.1     608  0x80000006 0x38dd  2
                Network Link States (Area 0.0.0.1)
Link ID         ADV Router      Age  Seq#        CkSum
192.168.3.2     192.168.4.1     620  0x80000001 0x8a17
                Summary Link States (Area 0.0.0.1)
Link ID         ADV Router      Age  Seq#        CkSum  Route
192.168.1.0     192.168.3.1     686  0x80000001 0x9be7 192.168.1.0/24
```

图 5-17　Router2 OSPF 链路状态数据库

Router1#show ip ospf database

> 备注：在多区域 OSPF 中，LSA1 和 LSA2 是区域内产生的，LSA3 是区域间产生的。区域内部的路由信息以"O"开头，而 LSA3 学到的路由则以"O IA"开头。

```
router3#show ip ospf database
            OSPF Router with ID (192.168.4.1) (Process ID 100)
                Router Link States (Area 0.0.0.1)
Link ID          ADV Router       Age    Seq#       CkSum  Link count
192.168.3.1      192.168.3.1      635    0x80000005 0xe3b3 1
192.168.4.1      192.168.4.1      628    0x80000006 0x38dd 2
                Network Link States (Area 0.0.0.1)
Link ID          ADV Router       Age    Seq#       CkSum
192.168.3.2      192.168.4.1      640    0x80000001 0x8a17
                Summary Link States (Area 0.0.0.1)
Link ID          ADV Router       Age    Seq#       CkSum  Route
192.168.1.0      192.168.3.1      707    0x80000001 0x9be7 192.168.1.0/24
192.168.2.0      192.168.3.1      707    0x80000001 0x86fc 192.168.2.0/24
```

图 5-18　Router3 OSPF 链路状态数据库

分别登录路由器 Router1、Router2、Router3，查看 OSPF 路由表，结果如图 5-19 至图 5-21 所示。

```
router1#show ip route
Codes:  C – connected, S – static, R – RIP, B – BGP
        O – OSPF, IA – OSPF inter area
        N1 – OSPF NSSA external type 1, N2 – OSPF NSSA external type 2
        E1 – OSPF external type 1, E2 – OSPF external type 2
        i – IS-IS, su – IS-IS summary, L1 – IS-IS level-1, L2 – IS-IS level-2
        ia – IS-IS inter area, * – candidate default
Gateway of last resort is no set
C    192.168.1.0/24 is directly connected, FastEthernet 0/0
C    192.168.1.2/32 is local host.
C    192.168.2.0/24 is directly connected, FastEthernet 0/1
C    192.168.2.1/32 is local host.
O IA 192.168.3.0/24 [110/2] via 192.168.2.2, 00:24:20, FastEthernet 0/1
O IA 192.168.4.0/24 [110/3] via 192.168.2.2, 00:23:11, FastEthernet 0/1
```

图 5-19　Router1 OSPF 路由表

```
router2#show ip route
Codes:  C – connected, S – static, R – RIP, B – BGP
        O – OSPF, IA – OSPF inter area
        N1 – OSPF NSSA external type 1, N2 – OSPF NSSA external type 2
        E1 – OSPF external type 1, E2 – OSPF external type 2
        i – IS-IS, su – IS-IS summary, L1 – IS-IS level-1, L2 – IS-IS level-2
        ia – IS-IS inter area, * – candidate default
Gateway of last resort is no set
O    192.168.1.0/24 [110/2] via 192.168.2.1, 01:40:13, FastEthernet 0/0
C    192.168.2.0/24 is directly connected, FastEthernet 0/0
C    192.168.2.2/32 is local host.
C    192.168.3.0/24 is directly connected, FastEthernet 0/1
C    192.168.3.1/32 is local host.
O    192.168.4.0/24 [110/2] via 192.168.3.2, 00:23:28, FastEthernet 0/1
```

图 5-20　Router2 OSPF 路由表

```
router3#show ip route
Codes:  C – connected, S – static, R – RIP, B – BGP
        O – OSPF, IA – OSPF inter area
        N1 – OSPF NSSA external type 1, N2 – OSPF NSSA external type 2
        E1 – OSPF external type 1, E2 – OSPF external type 2
        i – IS-IS, su – IS-IS summary, L1 – IS-IS level-1, L2 – IS-IS level-2
        ia – IS-IS inter area, * – candidate default
Gateway of last resort is no set
O IA 192.168.1.0/24 [110/3] via 192.168.3.1, 00:23:40, FastEthernet 0/0
O IA 192.168.2.0/24 [110/2] via 192.168.3.1, 00:23:40, FastEthernet 0/0
C    192.168.3.0/24 is directly connected, FastEthernet 0/0
C    192.168.3.2/32 is local host.
C    192.168.4.0/24 is directly connected, FastEthernet 0/1
C    192.168.4.1/32 is local host.
```

图 5-21　Router3 OSPF 路由表

5.3 任务 3　配置路由重发布

【任务描述】

北京某小学的教学区域有三栋楼，每栋楼都部署一台路由器，通过三台路由器实现三栋楼中网络的互连互通。由于部分大楼的网络是一期建设项目，使用 RIPv2 路由实现网络连通；而二期建设项目，采用的是 OSPF 路由实现网络连通。为避免网络的变化引起网络震荡，不修改网络原来配置，实施路由重发布，实现全网的互连互通。

【技术指导】

5.3.1　了解路由重发布

在大型的网络中，可能使用到多种路由协议。但在正常情况下，不同路由协议相互不会学习。例如，路由器在正常情况下，不会把静态路由通过 OSPF 告诉邻居。为了实现多种路由协议的协同工作，可以使用路由重发布（Route Redistribution）将路由器学习到的一种路由协议的路由通过另一种路由协议广播出去，这样网络中的所有部分都可以连通了。

为了实现重发布，路由器必须同时运行多种路由协议，这样，每种路由协议才可以取路由表中的所有或部分其他协议的路由来进行广播。

路由重发布的状况如下：

● 把静态路由重发布到动态路由中。

● 把直连路由重发布到动态路由中。

● 把动态路由协议重发布到另一个动态路由协议中，此时一般使用双向重发布。

● 不能将动态路由协议重发布到静态路由协议中。

在如图 5-22 所示的校园网中，如果内网设备数量较多，则一般使用动态路由协议，目前大部分使用 OSPF 协议。而为了减小出口路由器的负担，会在出口设备和核心设备配置静态路由。这样对于核心交换机来说，既向出口设备配置默认路由，也和汇聚交换机运行 OSPF 等动态协议。核心交换机的路由表中有默认路由和动态路由。此时，就需要在核心交换机上做重发布，将默认路由重发布到动态路由协议中。要不然核心交换机默认不会将默认路由通过动态路由协议告诉汇聚交换机。因此，汇聚交换机上学习不到默认路由。数据也就无法访问外网。此外，在金融等其他行业网络中，重发布的技术也是很重要的。

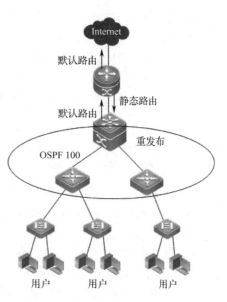

图 5-22　校园网中多种路由配置

5.3.2　在 RIP 路由中配置路由重发布

在实施 RIP 时，由于不同的路由协议之间无法相互学习路由，必须实施路由重发布。重发布时可以指定引入的外部路由的跳数，如果不特殊指定，默认重发布路由在 RIP 中的跳数为 1。

在 RIP 协议中，配置路由重发布的命令如下：

```
Router(config)#Router rip
Router(config-router)#redistribute connect | static | ospf process-id [subnets] [metric metric]
```

如果将静态路由重发布到 RIP，则需要配置"static"参数，其余参数类似。需要注意以下信息。

● 如果要将子网重发布到 RIP 中，则需要添加"subnets"参数。例如，将路由表中静态路由条目 172.16.10.0/24 重发布到 RIP 中，由于 172.16.10.0/24 是子网，重发布时需要配置"subnets"参数。

● 默认重发布在 RIP 中的路由的 metric 为 1，如果需要修改则添加"metric"参数并修改 metric 值。

● 如果要将默认路由通过 RIP 转发给其他路由器，则需要配置如下命令：

```
Router(config-router)#default-information origin
```

5.3.3　在 OSPF 路由中配置路由重发布

在 OSPF 路由协议中实施重发布，可以将其他路由协议或 OSPF 路由协议加到该 OSPF 进程中。OSPF 使用 5 类 LSA，或在 NSSA、Totally NSSA 等特殊区域中使用 7 类 LSA 来转发该路由。在路由表中使用 O E2、O E1、O N2、O N1 来表示路由条目。

OSPF 路由重发布配置在边界路由器上，通过重发布引入其他路由协议，或者其他进程的路由，该路由器被称为 ASBR。

在 ASBR 进行重发布后，ASBR 会发送 5 类或 7 类 LSA，发送该路由信息。

在 OSPF 路由协议中，可以重发布直连路由、静态路由、RIP、其他 OSPF 等动态路由，配置命令如下：

```
Router(config)# Router ospf   process-id
Router(config-router)#redistribute 协议进程号 [subnets] [metric metric] [metric-type type]
```

在 OSPF 路由协议中实施路由重发布，具有以下突出的特点。

● 重发布默认类型是 O E2，使用"metric-type 1"参数可以强制指定为 O E1。

● 如果需要重发布子网，则需要添加"subnets"参数。

● 默认在 OSPF 中重发布的路由的 metric 为 20，如果需要修改 metric 的值，可以使用"metric metric"参数进行修改。

● 如果要修改 metric 的类型，可以用"metric-type type"参数进行修改。默认使用 O E2 类型。O E2 和 O E1 的主要区别是 O E2 计算 metric 只算外部开销，而 O E1 计算内部开销加外部开销。也就是 O E2 的路由条目在 OSPF 网络中传递时 metric 不变，而

O E1 路由条目在 OSPF 网络中传递时 metirc 会增加。

● 默认路由以特殊的命令引入。其中，引入默认路由的命令如下：

Router (config)#Router ospf *process-id*
Router (config-router)#default-information originate [always]

引入的默认路由 metric 默认为 1，可以使用"metric *metric*"参数修改。

默认情况下，只有当路由表中有默认路由才会重发布，使用"always"参数则路由表中有无默认路由都重发布。

【任务实施】配置 RIP 路由重发布

【任务规划】

如图 5-23 所示，重新规划某小学的教学区域三栋楼中的路由器部署，需要针对部分大楼的网络中的一期、二期建设项目进行重新规划。其中，测试计算机 PC1 连到一期建设项目的路由器 Router1 的 Fa0/0 口；路由器 Router1 的 Fa0/1 口连到路由器 Router2 的 Fa0/0 口；路由器 Router2 的 Fa0/1 口连到二期建设项目的路由器 Router3 的 Fa0/0 口；路由器 Router3 的 Fa0/1 口连到测试计算机 PC2。

其中，测试计算机 PC1 的 IP 地址规划为 192.168.1.1/24，网关为 192.168.1.2；测试计算机 PC2 的 IP 地址规划为 192.168.4.2/24，网关为 192.168.4.1。

路由器 Router1 的 Fa0/0 口的 IP 地址规划为 192.168.1.2/24，Fa0/1 口的 IP 地址规划为 192.168.2.1/24；路由器 Router2 的 Fa0/0 口的 IP 地址规划为 192.168.2.2/24，Fa0/1 口的 IP 地址规划为 192.168.3.1/24；路由器 Router3 的 Fa0/0 口的 IP 地址规划为 192.168.3.2/24，Fa0/1 口的 IP 地址规划为 192.168.4.1/24。

希望配置 RIP 路由和静态路由协议重发布，实现全网互连互通，使测试计算机 PC1 和 PC2 可以互相通信。

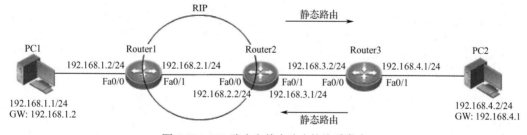

图 5-23　RIP 路由和静态路由协议重发布

【实施过程】

该任务的详细配置步骤如下。

（1）按照拓扑图完成组网。

按照拓扑图完成网络场景组建。如果有相应接口变化，则修改接口名称，配置信息没有变化。

（2）配置测试计算机的 IP 地址和网关信息。

打开测试计算机 PC1 和 PC2，完成 IP 地址和网关的配置。其中，测试计算机的 IP 地址规划信息如下：

　　PC1 的 IP 地址为 192.168.1.1/24，网关为 192.168.1.2。

　　PC2 的 IP 地址为 192.168.4.2/24，网关为 192.168.4.1。

　　限于篇幅，此处配置内容省略。

　　（3）配置互连路由器设备的接口 IP 地址。

　　① 完成路由器 Router1 的基本信息配置。

```
Router>enable
Router#config terminal
Router(config)#hostname Router1
Router1(config)#int fa0/0

Router1(config-if-FastEthernet 0/0)#ip address 192.168.1.2 255.255.255.0
Router1(config-if-FastEthernet 0/0)#exit

Router1(config)#int fa0/1
Router1(config-if-FastEthernet 0/1)#ip address 192.168.2.1 255.255.255.0
Router1(config-if-FastEthernet 0/1)#exit
Router1(config)#
```

　　② 完成路由器 Router2 的基本信息配置。

```
Router>enable
Router#config terminal
Router(config)#hostname Router2

Router2(config)#int fa0/0
Router2(config-if-FastEthernet 0/0)#ip address 192.168.2.2 255.255.255.0
Router2(config-if-FastEthernet 0/0)#exit

Router2(config)#int fa0/1
Router2(config-if-FastEthernet 0/1)#ip address 192.168.3.1 255.255.255.0
Router2(config-if-FastEthernet 0/1)#exit
Router2(config)#
```

　　③ 完成路由器 Router3 的基本信息配置。

```
Router>enable
Router#config terminal
Router(config)#hostname Router3

Router3(config)#int fa0/0
Router3(config-if-FastEthernet 0/0)#ip address 192.168.3.2 255.255.255.0
Router3(config-if-FastEthernet 0/0)#exit

Router3(config)#int fa0/1
Router3(config-if-FastEthernet 0/1)#ip address 192.168.4.1 255.255.255.0
Router3(config-if-FastEthernet 0/1)#exit
Router3(config)#
```

（4）配置部分路由器的 RIP 路由协议。

① 完成路由器 Router1 的 RIP 路由信息配置。

```
Router1(config)#Router rip
Router1(config-Router)#version 2
Router1(config-Router)#no auto-summary
Router1(config-Router)#network 192.168.2.0
Router1(config-Router)#end
Router1#
```

备注：由于项目建设的需要，Router1 不对外通告 192.168.1.0/24 网段，该网段需要通过重发布方式来对外发布。

② 完成路由器 Router2 的 RIP 路由信息配置。

```
Router2(config)#rout rip
Router2(config-Router)#version 2
Router2(config-Router)#no auto-summary
Router2(config-Router)#network 192.168.2.0
Router2(config-Router)#network 192.168.3.0
Router2(config-Router)#exit
```

（5）配置部分路由器的静态路由。

① 完成路由器 Router2 的静态路由信息配置。

```
Router2(config)#ip route 192.168.4.0 255.255.255.0 192.168.3.2
```

② 完成路由器 Router3 的静态路由信息配置。

```
Router3(config)#ip route 192.168.1.0 255.255.255.0 192.168.3.1
Router3(config)#ip route 192.168.2.0 255.255.255.0 192.168.3.1
```

备注：可以在 Router3 上进行路由汇总。

（6）配置部分路由器的 RIP 路由重发布，实现互连互通。

① 完成路由器 Router1 的重发布直连路由信息配置。

```
Router1(config)#Router rip
Router1(config-Router)#redistribute connected
```

② 完成路由器 Router2 的重发布静态路由信息配置。

```
Router2(config)#Router rip
Router2(config-Router)#redistribute static
```

备注：重发布时可以修改 metric 值。

（7）验证和测试。

① 测试网络连通性。

打开测试计算机 PC1 和 PC2，使用"开始"→"运行"→"CMD"命令，转到 DOS 命令操作状态，使用 Ping 命令检查网络连通情况。PC1 和 PC2 之间能互相通信。

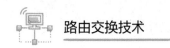

限于篇幅，此处配置内容省略。

② 查看路由信息。

分别登录路由器 Router1、Router2，查看路由表，如图 5-24 和图 5-25 所示。

```
router1#show ip route
Codes:  C - connected, S - static, R - RIP, B - BGP
        O - OSPF, IA - OSPF inter area
        N1 - OSPF NSSA external type 1, N2 - OSPF NSSA external type 2
        E1 - OSPF external type 1, E2 - OSPF external type 2
        i - IS-IS, su - IS-IS summary, L1 - IS-IS level-1, L2 - IS-IS level-2
        ia - IS-IS inter area, * - candidate default
Gateway of last resort is no set
C    192.168.1.0/24 is directly connected, FastEthernet 0/0
C    192.168.1.2/32 is local host.
C    192.168.2.0/24 is directly connected, FastEthernet 0/1
C    192.168.2.1/32 is local host.
R    192.168.3.0/24 [120/1] via 192.168.2.2, 00:56:46, FastEthernet 0/1
R    192.168.4.0/24 [120/1] via 192.168.2.2, 00:01:27, FastEthernet 0/1
```

图 5-24　查看 Router1 的路由表

```
router2#show ip route
Codes:  C - connected, S - static, R - RIP, B - BGP
        O - OSPF, IA - OSPF inter area
        N1 - OSPF NSSA external type 1, N2 - OSPF NSSA external type 2
        E1 - OSPF external type 1, E2 - OSPF external type 2
        i - IS-IS, su - IS-IS summary, L1 - IS-IS level-1, L2 - IS-IS level-2
        ia - IS-IS inter area, * - candidate default
Gateway of last resort is no set
R    192.168.1.0/24 [120/1] via 192.168.2.1, 00:02:41, FastEthernet 0/0
C    192.168.2.0/24 is directly connected, FastEthernet 0/0
C    192.168.2.2/32 is local host.
C    192.168.3.0/24 is directly connected, FastEthernet 0/1
C    192.168.3.1/32 is local host.
S    192.168.4.0/24 [1/0] via 192.168.3.2
```

图 5-25　查看 Router2 的路由表

（8）二期建设项目重新规划网络。

在二期的校园网建设项目中，由于项目建设需要，在路由器 Router3 上添加了多个网段，就需要在路由器 Router2 上配置一条默认路由指向路由器 Router3。因此，在路由器 Router2 上的配置信息规划如下：

```
Router2(config)#ip route 0.0.0.0 0.0.0.0 192.168.3.2         ! 配置默认路由
Router2(config)#Router rip
Router2(config-Router)#default-information originate         ! 重发布默认路由协议
Router2(config-Router)#end
```

（9）再次验证和测试。

再次查看 Router1 和 Router2 的路由表，如图 5-26 和图 5-27 所示。

```
router1#show ip route
Codes:  C - connected, S - static, R - RIP, B - BGP
        O - OSPF, IA - OSPF inter area
        N1 - OSPF NSSA external type 1, N2 - OSPF NSSA external type 2
        E1 - OSPF external type 1, E2 - OSPF external type 2
        i - IS-IS, su - IS-IS summary, L1 - IS-IS level-1, L2 - IS-IS level-2
        ia - IS-IS inter area, * - candidate default
Gateway of last resort is 192.168.2.2 to network 0.0.0.0
R*   0.0.0.0/0 [120/1] via 192.168.2.2, 00:02:23, FastEthernet 0/1
C    192.168.1.0/24 is directly connected, FastEthernet 0/0
C    192.168.1.2/32 is local host.
C    192.168.2.0/24 is directly connected, FastEthernet 0/1
C    192.168.2.1/32 is local host.
R    192.168.3.0/24 [120/1] via 192.168.2.2, 01:06:47, FastEthernet 0/1
R    192.168.4.0/24 [120/1] via 192.168.2.2, 00:11:28, FastEthernet 0/1
```

图 5-26　重新查看 Router1 的路由表

```
router2#show ip route
Codes: C - connected, S - static, R - RIP, B - BGP
       O - OSPF, IA - OSPF inter area
       N1 - OSPF NSSA external type 1, N2 - OSPF NSSA external type 2
       E1 - OSPF external type 1, E2 - OSPF external type 2
       i - IS-IS, su - IS-IS summary, L1 - IS-IS level-1, L2 - IS-IS level-2
       ia - IS-IS inter area, * - candidate default
Gateway of last resort is 192.168.3.2 to network 0.0.0.0
S*   0.0.0.0/0 [1/0] via 192.168.3.2
R    192.168.1.0/24 [120/1] via 192.168.2.1, 00:13:11, FastEthernet 0/0
C    192.168.2.0/24 is directly connected, FastEthernet 0/0
C    192.168.2.2/32 is local host.
C    192.168.3.0/24 is directly connected, FastEthernet 0/1
C    192.168.3.1/32 is local host.
S    192.168.4.0/24 [1/0] via 192.168.3.2
```

图 5-27　重新查看 Router2 的路由表

【任务实施】配置 OSPF 路由重发布

【任务规划】

如图 5-28 所示，重新规划某小学的教学区域三栋楼中的路由器部署，需要针对部分大楼的网络中的一期、二期建设项目进行重新规划。

测试计算机 PC1 连接一期建设项目路由器 Router1 的 Fa0/0 口，Router1 的 Fa0/1 口连接一期建设项目路由器 Router2 的 Fa0/0 口；Router2 的 Fa0/1 口连接二期建设项目的路由器 Router3 的 Fa0/0 口，Router3 的 Fa0/1 口连接测试计算机 PC2。

其中，测试计算机 PC1 的 IP 地址规划为 192.168.1.1/24，网关为 192.168.1.2；测试计算机 PC2 的 IP 地址规划为 192.168.4.2/24，网关为 192.168.4.1。

路由器 Router1 的 Fa0/0 口的 IP 地址规划为 192.168.1.2/24，Fa0/1 口的 IP 地址规划为 192.168.2.1/24；路由器 Router2 的 Fa0/0 口的 IP 地址规划为 192.168.2.2/24，Fa0/1 口的 IP 地址规划为 192.168.3.1/24；路由器 Router3 的 Fa0/0 口的 IP 地址规划为 192.168.3.2/24，Fa0/1 口的 IP 地址规划为 192.168.4.1/24。

希望配置 OSPF 路由和静态路由协议重发布，实现全网互连互通。

图 5-28　OSPF 路由和静态路由重发布网络拓扑

【实施过程】

该任务的详细配置步骤如下。

（1）按照拓扑图完成组网。

按照拓扑图完成网络场景组建。如果有相应接口变化，则修改接口名称，配置信息没有变化。

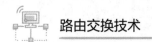

（2）配置测试计算机的 IP 地址和网关信息。

打开测试计算机 PC1 和 PC2，完成 IP 地址和网关的配置。其中，测试计算机的 IP 地址规划信息如下：

PC1 的 IP 地址为 192.168.1.1/24，网关为 192.168.1.2。

PC2 的 IP 地址为 192.168.4.2/24，网关为 192.168.4.1。

限于篇幅，此处配置内容省略。

（3）配置互连路由器设备的接口 IP 地址。

① 完成路由器 Router1 的基本信息配置。

```
Router>enable
Router#config terminal
Router(config)#hostname Router1

Router1(config)#int fa0/0
Router1(config-if-FastEthernet 0/0)#ip address 192.168.1.2 255.255.255.0
Router1(config-if-FastEthernet 0/0)#exit

Router1(config)#int fa0/1
Router1(config-if-FastEthernet 0/1)#ip address 192.168.2.1 255.255.255.0
Router1(config-if-FastEthernet 0/1)#exit
```

② 完成路由器 Router2 的基本信息配置。

```
Router>enable
Router#config terminal
Router(config)#hostname Router2

Router2(config)#int fa0/0
Router2(config-if-FastEthernet 0/0)#ip address 192.168.2.2 255.255.255.0
Router2(config-if-FastEthernet 0/0)#exit

Router2(config)#int fa0/1
Router2(config-if-FastEthernet 0/1)#ip address 192.168.3.1 255.255.255.0
Router2(config-if-FastEthernet 0/1)#exit
```

③ 完成路由器 Router3 的基本信息配置。

```
Router>enable
Router#config terminal
Router(config)#hostname Router3

Router3(config)#int fa0/0
Router3(config-if-FastEthernet 0/0)#ip address 192.168.3.2 255.255.255.0
Router3(config-if-FastEthernet 0/0)#exit

Router3(config)#int fa0/1
Router3(config-if-FastEthernet 0/1)#ip address 192.168.4.1 255.255.255.0
Router3(config-if-FastEthernet 0/1)#exit
```

（4）配置部分路由器的 OSPF 路由协议。

① 完成路由器 Router1 的 OSPF 路由信息配置。

```
Router1(config)#Router ospf 100
Router1(config-Router)#network 192.168.2.0 0.0.0.255 area 0
Router1(config-Router)#exit
```

备注：Router1 不通告 192.168.1.0/24 网段，该网段进行重发布。

② 完成路由器 Router2 的 OSPF 路由信息配置。

```
Router2(config)#Router ospf 100
Router2(config-Router)#network 192.168.2.0 0.0.0.255 area 0
Router2(config-Router)#network 192.168.3.0 0.0.0.255 area 0
Router2(config-Router)#exit
```

（5）配置部分路由器的静态路由。

① 完成路由器 Router2 的静态路由信息配置。

```
Router2(config)#ip route 192.168.4.0 255.255.255.0 192.168.3.2
```

② 完成路由器 Router3 的静态路由信息配置。

```
Router3(config)#ip route 192.168.1.0 255.255.255.0 192.168.3.1
Router3(config)#ip route 192.168.2.0 255.255.255.0 192.168.3.1
```

备注：可以在 Router3 上进行路由汇总。

（6）配置部分路由器的 OSPF 路由重发布，实现互连互通。

① 完成路由器 Router1 的重发布直连路由信息配置。

```
Router1(config)#Router ospf 100
Router1(config-Router)#redistribute connected
```

② 完成路由器 Router2 的重发布静态路由信息配置。

```
Router2(config)#Router ospf 100
Router2(config-Router)#redistribute static metric 5
% Only classful networks will be redistributed
Router2(config-Router)#end
```

备注：重发布时修改了 metric 的值为 5，重发布子网时需添加 subnets 参数。

（7）验证和测试。

打开测试计算机 PC1 和 PC2，使用"开始"→"运行"→"CMD"命令，转到 DOS 命令操作状态，使用 Ping 命令检查网络连通情况。PC1 和 PC2 之间能互相通信。

限于篇幅，此处配置内容省略。

（8）配置路由重发布。

在二期的校园网建设项目中，由于项目建设需要，在路由器 Router2 上配置默认路由指向路由器 Router3，并将该默认路由重发布到 OSPF 中。

```
Router2(config)#ip route 0.0.0.0 0.0.0.0 192.168.3.2            ! 配置默认路由
```

```
Router2(config)#Router ospf 100
Router2(config-Router)#default-information originate          ！将默认路由加入 OSPF 协议
Router2(config-Router)#end
```

（9）查看路由器的链路状态。

分别登录路由器 Router1、Router2，查看链路状态信息，如图 5-29 和图 5-30 所示。

```
router1#show ip ospf database
            OSPF Router with ID (192.168.2.1) (Process ID 100)
               Router Link States (Area 0.0.0.0)
Link ID          ADV Router       Age  Seq#       CkSum Link count
192.168.2.1      192.168.2.1      623  0x80000004 0xe4b6 1
192.168.3.1      192.168.3.1      932  0x80000007 0x23f4 2
               Network Link States (Area 0.0.0.0)
Link ID          ADV Router       Age  Seq#       CkSum
192.168.2.2      192.168.3.1      1084 0x80000001 0x861f
               AS External Link States
Link ID          ADV Router       Age  Seq#       CkSum  Route               Tag
0.0.0.0          192.168.3.1      160  0x80000001 0x4849 E2 0.0.0.0/0         100
192.168.1.0      192.168.3.1      622  0x80000001 0xce19 E2 192.168.1.0/24    0
192.168.4.0      192.168.3.1      931  0x80000001 0x8301 E2 192.168.4.0/24    0
```

图 5-29　查看 Router1 的链路状态信息

```
router2#show ip ospf database
            OSPF Router with ID (192.168.3.1) (Process ID 100)
               Router Link States (Area 0.0.0.0)
Link ID          ADV Router       Age  Seq#       CkSum Link count
192.168.2.1      192.168.2.1      641  0x80000004 0xe4b6 1
192.168.3.1      192.168.3.1      948  0x80000007 0x23f4 2
               Network Link States (Area 0.0.0.0)
Link ID          ADV Router       Age  Seq#       CkSum
192.168.2.2      192.168.3.1      1100 0x80000001 0x861f
               AS External Link States
Link ID          ADV Router       Age  Seq#       CkSum  Route               Tag
0.0.0.0          192.168.3.1      176  0x80000001 0x4849 E2 0.0.0.0/0         100
192.168.1.0      192.168.2.1      640  0x80000001 0xce19 E2 192.168.1.0/24    0
192.168.4.0      192.168.3.1      947  0x80000001 0x8301 E2 192.168.4.0/24    0
```

图 5-30　查看 Router2 的链路状态信息

（10）查看路由信息。

分别登录路由器 Router1、Router2，查看路由表，如图 5-31 所示。

```
router1#show ip route
Codes:  C - connected, S - static, R - RIP, B - BGP
        O - OSPF, IA - OSPF inter area
        N1 - OSPF NSSA external type 1, N2 - OSPF NSSA external type 2
        E1 - OSPF external type 1, E2 - OSPF external type 2
        i - IS-IS, su - IS-IS summary, L1 - IS-IS level-1, L2 - IS-IS level-2
        ia - IS-IS inter area, * - candidate default
Gateway of last resort is 192.168.2.2 to network 0.0.0.0
O*E2 0.0.0.0/0 [110/1] via 192.168.2.2, 00:06:49, FastEthernet 0/1
C    192.168.1.0/24 is directly connected, FastEthernet 0/0
C    192.168.1.2/32 is local host.
C    192.168.2.0/24 is directly connected, FastEthernet 0/1
C    192.168.2.1/32 is local host.
O    192.168.3.0/24 [110/2] via 192.168.2.2, 00:22:02, FastEthernet 0/1
O E2 192.168.4.0/24 [110/5] via 192.168.2.2, 00:19:41, FastEthernet 0/1

router2#show ip route
Codes:  C - connected, S - static, R - RIP, B - BGP
        O - OSPF, IA - OSPF inter area
        N1 - OSPF NSSA external type 1, N2 - OSPF NSSA external type 2
        E1 - OSPF external type 1, E2 - OSPF external type 2
        i - IS-IS, su - IS-IS summary, L1 - IS-IS level-1, L2 - IS-IS level-2
        ia - IS-IS inter area, * - candidate default
Gateway of last resort is 192.168.3.2 to network 0.0.0.0
S*   0.0.0.0/0 [1/0] via 192.168.3.2
O E2 192.168.1.0/24 [110/20] via 192.168.2.1, 00:14:44, FastEthernet 0/0
C    192.168.2.0/24 is directly connected, FastEthernet 0/0
C    192.168.2.2/32 is local host.
C    192.168.3.0/24 is directly connected, FastEthernet 0/1
C    192.168.3.1/32 is local host.
S    192.168.4.0/24 [1/0] via 192.168.3.2
```

图 5-31　查看 Router1 和 Router2 的路由表

【认证测试】

下列每道试题都有多个答案选项，请选择最佳的答案。

1. RIP 路由协议是采用什么命令来发布路由信息的？（　　）

   A．Router　　　　　　B．Network ID　　　　　C．RIP send　　　　　D．Network

2. 配置 RIP 路由协议中自动产生的管理距离，是告诉这条路由的（　　）。

   A．可信度的等级　　　　　　　　　　　B．路由信息的等级

   C．传输距离的远近　　　　　　　　　　D．线路的好坏

3. RIP 路由协议的周期更新的目标地址是（　　）。

   A．255.255.255.240　　　　　　　　　　B．255.255.255.255

   C．172.16.0.1　　　　　　　　　　　　D．255.255.240.255

4. 以下属于最短路径优先的协议是（　　）。

   A．OSPF　　　　　　B．RIP　　　　　　C．IGMP　　　　　D．IPX

5. 关闭 RIP 路由汇总的命令是（　　）。

   A．no auto-summary　　　　　　　　　B．auto-summary

   C．no ip router　　　　　　　　　　　D．ip router

6. 静态路由协议的默认管理距离是多少？RIP 路由协议的默认管理距离是多少？（　　）

   A．1,140　　　　　B．1,120　　　　　C．2,140　　　　　D．2,110

7. 当 RIP 向相邻的路由器发送更新时，它使用多少秒为更新计时的时间值？（　　）

   A．30　　　　　B．20　　　　　C．15　　　　　D．25

8. 为什么要使用路由选择协议？（　　）

   A．从一个网络向另一个网络发送数据　　B．加快数据转发

   C．加快网络数据的传输　　　　　　　　D．方便进行数据配置

9. RIP 第二版与 RIP 第一版相比，做了改进，下面说法中不对的是（　　）。

   A．增加了接口验证，提高了可靠性

   B．采用组播方式进行路由更新，而不是广播方式

   C．最大跳数（Hop）增加到 255

   D．支持变长子网掩码（VLSM）

10. RIP 协议是为什么样的网络设计的？（　　）

   A．小型网络　　　　B．中型网络　　　　C．大型网络

11. 在路由器上设置了以下 3 条路由，请问当这台路由器收到源地址为 10.10.10.1 数据包时，它应被转发给的下一跳地址是哪个？（　　）

```
ip route 0.0.0.0 0.0.0.0 192.168.10.1
ip route 10.10.10.0 255.255.255.0 192.168.11.1
ip route 10.10.0.0 255.255.0.0 192.168.12.1
```

   A．192.168.10.1　　　　　　　　　　B．192.168.11.1

   C．192.168.12.1　　　　　　　　　　D．路由设置错误，无法判断

12. RIPv2 路由协议默认的管理代价为（　　）。

   A．20　　　　　B．100　　　　　C．120　　　　　D．130

13．IP、Telnet、UDP 分别是 OSI 参考模型的哪一层协议？（　　）

  A．1、2、3   B．3、4、5   C．4、5、6   D．3、7、4

14．下列哪些不是用于距离向量路由选择协议解决路由环路的方法？（　　）

  A．水平分割   B．毒性逆转

  C．路由抑制时间   D．立即删除故障条目

15．当 RIP 向相邻的路由器发送更新时，它使用多少秒为删除的时间值？（　　）

  A．30   B．120   C．180   D．240

16．在 RIP 路由中设置管理距离是衡量一个路由可信度的等级，可以通过定义管理距离来区别不同的（　　）来源。路由器总是挑选具有最低管理距离的路由。

  A．拓扑信息   B．路由信息

  C．网络结构信息   D．数据交换信息

17．配置 RIP 版本 2 的命令是（　　）。

  A．ip rip send v1   B．ip rip send v2

  C．ip rip send version 2   D．version 2

18．在 Windows 的命令行下通过 telnet 命令连接到交换机进行远程管理，连接数据的源端口号和目的端口号可能分别为（　　）。

  A．1025、21 B．1024、23   C．23、1025   D．21、1022

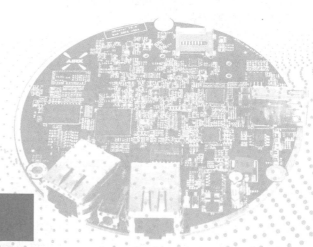

第6章

交换网接入广域网技术

【项目描述】

北京某小学二期建设完成的校园网如图 6-1 所示。全校园网采用三层架构部署，使用高性能的交换机连接，保障了网络的稳定性，实现了校园网的高速传输。此外，校园网的出口部分，采用路由器接入北京市普教城域网；使用宽带接入技术，把校园网接入互联网，实现了校园网络内部各部门方便地访问互联网。

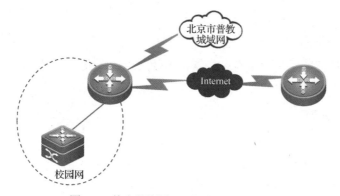

图 6-1　某小学校园网二期建设网络拓扑

【学习目标】

本章通过 3 个任务的学习，帮助学生了解广域网接入技术，实现以下目标。

1. 知识目标

（1）了解广域网接入技术。

（2）掌握 PPP 及 PAP、CHAP 安全认证技术。

（3）掌握 NAT 和 NAPT 技术。

2．技能目标

（1）掌握 PAP 和 CHAP 安全认证的配置。

（2）掌握 NAT 地址转换的配置。

3．素养目标

（1）学会整理知识笔记，按照标准格式制作实训报告。

（2）能保持工作环境干净，实现物料放置地整洁，遵守 6S 现场管理标准。

（3）学会和同伴友好沟通，建立友好的团队合作关系。

（4）在实训现场具有良好的安全意识，懂得安全操作知识，严格按照安全标准流程操作。

【素质拓展】

志不强者智不达，言不信者行不果。——《墨子·修身》

做人做事，都需要有一个坚定的信念和目标。唯有找到正确的方向，并持之以恒，才能更好地走向成功。在网络通信中，局域网到公网的广域网链路安全认证、路由器 NAT 技术，遵守国际标准及认证规则，统一规范，始终坚持同一标准。在学习和生活中，也应该坚定意志，言行一致，坚持正确的思想价值观，做一个言而有信、有担当有抱负的有志青年。

【项目实践】

6.1 任务 1　配置路由器广域网链路

【任务描述】

北京某小学校园网的出口部分使用路由器的宽带接入技术，把校园网接入互联网中，实现校园网络内各部门能够便捷访问互联网的目的，需要了解校园网接入广域网的技术。

【技术指导】

6.1.1　了解广域网

1．广域网概述

广域网（Wide Area Network，WAN）通常跨接很大的物理范围，所覆盖的范围从几十千米到几千千米，它能连接多个城市或国家，或横跨几个洲并能提供远距离通信，形成国际性的远程网络。广域网目前应用于大部分行业，在教育行业中主要应用于出口链路，在金融行业中主要应用于各级分行的互连，在政府行业中主要应用于各级部门的互连。

广域网不同于局域网（LAN）。LAN 只是在一栋建筑或其他很小的地理区域内连接工作站、外围设备、终端及其他设备构建的共享网络；而 WAN 所建立的数据连接，将跨越广阔的区域，实现远程通信网络。企事业单位可以使用 WAN 来连接不同区域的公司分部，实现远程通信。

如图 6-2 所示，广域网技术主要涉及 OSI 参考模型的物理层及数据链路层，有时也会涉及网络层。物理层协议描述了广域网连接的电气、机械的功能和规程特性，广域网技术还描述了 DCE（Data Control Equipment，数据控制设备）、DTE（Data Terminal Equipment，数据终端设备）之间的接口。因为建立一个可连接远程位置的全球网络的开销可能是个天文数字，一般来说，WAN 服务都是向电信服务提供商租借的宽带网络服务，使用这部分资源来传递信息，连接需求随用户需求和费用的不同而不同。

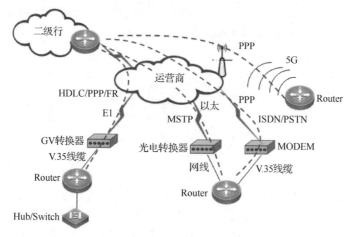

图 6-2　广域网链路结构

2. WAN 连接类型

广域网按照承担的功能不同，分为通信子网和资源子网。其中，资源子网主要由网络服务器、工作站、共享打印机和其他设备及相关软件所组成。

通信子网指网络中实现网络通信功能的设备及相关软件集合。在通信子网的连接中，广域网由于连接的网络距离遥远，通常选择公共数据交换网络（如中国电信网络）进行远距离传输，实现远程主机之间的数据传输服务。由于广域网的远程传输的造价成本较高，一般都是由国家或大型电信公司出资建造的，如图 6-3 所示。

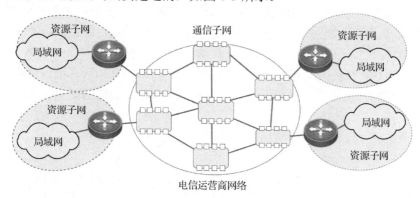

图 6-3　WAN 通过运营商网络连接

WAN 连通性有多种可用的选项，但是，这些服务不是在所有的区域都有效的。广域网的连接类型可分为租用线路、电路交换、分组交换、VPN 等类型。

（1）租用线路。

租用线路连接也称为点对点连接，或专用连接，或专线连接，它为用户提供一条预先建好的连接所属服务提供商网络与远端网络的 WAN 通信路径。

服务提供商（SP）保证这一连接只给租用它的客户使用。租用线路避免了共享连接带来的问题，但是这种方法的费用很昂贵。典型情况下，租用线路使用同步串行连接可以达到 T3/E3 的速度，甚至具有 1000Mbps 的保证有效带宽。

所谓的专线是由 SP 为企业远程节点之间的通信提供点对点专用线路连接，为专用逻辑连接，永久在线，支持多种介质与速率，如图 6-4 所示。

典型的专线技术有 DDN、E1、POS、MSTP 等。

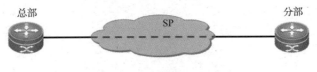

图 6-4　专线连接示意图

（2）电路交换。

电路交换是一种 WAN 交换方法，在这种方式下，发送者与接收者在呼叫期间必须存在一条专用的电路路径。提供基本电话服务和综合业务数字网（ISDN）业务时，服务提供商的网络使用电路交换。电路交换连接，一般用在只需零星使用 WAN 服务的环境中。基本的电话服务，典型的是通过一个调制解调器使用一条异步串行连接。

电路交换是 SP 为企业远程节点间通信提供的临时数据传输通道，其操作特性类似电话拨号技术，为逻辑连接，按需拨号。传输介质主要为电话线，也可以为光纤。带宽主要为 56kbps、64kbps、128kbps、2Mbps 等。具有稳定性较差，配置与维护较复杂的特点。

典型的电路交换技术有 PSTN 模拟拨号和 ISDN 数字拨号等。

（3）分组交换。

分组交换是由 SP 为企业多个远程节点间通信提供的一种共享物理链路的 WAN 技术。通信双方从 SP 获取虚拟电路（VC）来建立逻辑连接，一条物理链路上可以包含多条 VC。

分组交换也称为包交换，它是一种 WAN 交换方式，在包交换情况下，网络设备共享一条点对点连接线路，用户数据包从源位置传送到目的地。包交换网络能提供端到端的连通，其物理连接由被编程的交换设备提供。包头一般标识了目的地，包交换提供的服务与租用线路提供的服务类似，只不过它的线路是共享的，价格也更便宜。与租用线路一样，包交换网络常常通过串行连接提供服务，它的速度范围是 56kbps 到 T3/E3 标准速度，并根据数据帧的地址来进行路径的选择。包交换网络的特点是共享技术、费用低、安全性较差、配置复杂。

典型的分组交换技术有 FR、ATM、X.25 等。

（4）VPN。

VPN（Virtual Private Network，虚拟专用网络）指的是本地 LAN 和远程 LAN 通过宽带拨号或固定 IP 获取互联网络的访问，在两者之间建立二层或三层隧道穿越互连网络。

VPN 主要用于穿越公网，提供数据加密、数据包完整性检验、身份认证等功能，其特点是安全、经济，接入方便。典型的 VPN 类型有 L2TP VPN、IPSec VPN、SSL VPN、MPLS VPN 等。

6.1.2　了解广域网分层模型

OSI/RM 网络开放系统互连模型规定的七层协议，同样适用于广域网。但广域网在 OSI 分层模型中，只涉及低三层：物理层、数据链路层和网络层。它将地理上相隔很远的局域网互连起来。广域网传输技术主要承担远程网络传输工作，其主要设备及协议都位于最低的两层：物理层和数据链路层，如图 6-5 所示。

数据链路层	LAPB（平衡链路接入）、Frame Relay、HDLC、 PPP、SDLC（同步数据链路）
物理层	X.21；EIA/TIA-232；EIA/TIA-449；V.24 V.35；HSSI；G.73；EIA-530

图 6-5　广域网分层体系结构

（1）物理层。

物理层协议描述了如何为广域网服务提供电气、机械、操作和功能的连接到通信服务提供商。但广域网物理层描述了 DTE 和 DCE 之间的接口。连接到广域网的设备通常是一台路由器，它被认为是一台 DTE；而连接到另一端的设备为服务提供商提供接口，这就是一台 DCE。

广域网的物理层描述了连接方式，通常广域网的连接基本上属于专用或专线连接、电路交换连接、分组交换连接等三种类型。它们之间的连接无论是分组交换、专线还是电路交换，都使用同步或异步串行连接。相关专业术语见网络通信原理相关内容。

如表 6-1 所示列举了广域网常用物理层标准和它们的连接器标准。

表 6-1　广域网常用物理层标准

标　　准	描　　述
EIA/TIA-232	在近距离范围内，使用 25 针 D 连接器，信号速度最高可达 64kbps，以前称 RS-232
EIA/TIA-449 EIA-530	是 EIA/TIA-232 的高速版本（最高可达 2Mbps），它使用 36 针 D 连接器，传输距离更远，也被称为 RS-422 或 RS-423
EIA/TIA-612/613	高速串行接口（HSSI），使用 50 针 D 连接器，可以提供 T3（45Mbps）、E3（34Mbps）和同步光纤网（SONET）STS-1（51.84Mbps）速率接入服务
V.35	用来在网络接入设备和分组网络之间进行通信的一个同步、物理层协议的 ITU-T 标准。V.35 普遍用在美国和欧洲，其建议速率为 48kbps
X.21	用于同步数字线路上的串行通信 ITU-T 标准，它使用 15 针 D 连接器，主要用在欧洲和日本

（2）数据链路层。

在每个广域网连接中，数据在通过广域网链路前都被封装到帧中。为了确保验证协议的使用，必须配置恰当的第二层封装类型。协议的选择主要取决于广域网的拓扑和通信设备。广域网数据链路层定义了传输到远程站点的数据的封装形式，定义了数据是如何进行封装的，如 HDLC 协议。通常的广域网协议有以下几种：HDLC、PPP、X.25 和帧中继等。其中，最常用的两个广域网协议是 HDLC 和 PPP，它们提供了所有串行线路的封装，共享一个公共的帧格式。

（3）网络层。

广域网网络层协议包含 CCITT（Consultative Committee of International Telegraph and Telephone，国际电报电话咨询委员会）的 X.25 协议和 TCP/IP 协议中的 IP 协议等。

6.1.3　了解 WAN 第二层封装

在 OSI 模型的层间移动时，串行设备必须用第二层的帧格式封装数据。不同的服务可以使用不同的帧格式。要确保使用正确的协议，就必须配置适当的第二层封装类型。协议的选择取决于 WAN 技术和通信设备。

典型的 WAN 封装类型如下。

（1）HDLC（High-level Data Link Control，高级数据链路控制）协议：HDLC 是点对点专用链路和电路交换连接的默认封装类型。HDLC 协议是一种面向比特的同步数据链路层协议，它主要用于路由器设备之间的通信。

（2）PPP（Point-Point-Protocol，点对点协议）：PPP 通过同步和异步电路提供路由器到路由器和主机到网络的连接。PPP 被设计成和几个网络层协议一起工作，如 IP 和 IPX。它还有内置的安全机制，如口令验证协议（PAP）和竞争握手验证协议（CHAP）。

（3）SLIP（Serial Line Internet Protocol，串行线路网际协议）：SLIP 是使用 TCP/IP 的点对点串行连接的标准协议。SLIP 在很多方面已经被 PPP 替代了。

（4）X.25/LAPB（Link Access Procedure Balanced，平衡链路访问过程）：X.25/LAPB 是一个 ITU-T 标准，它定义了怎样连接和维护公用数据网络上远程终端和计算机通信的 DTE 和 DCE。

（5）帧中继：帧中继是一个交换式数据链路层协议的工业标准，它处理多个虚拟电路。帧中继是 X.25 的下一代，它经过改进消除了 X.25 中一些消耗时间的处理，如纠错和流量控制。

（6）ATM（Asynchronous Transfer Mode，异步传输模式）：ATM 是单元转发的国际标准，它需要把各种服务类型的数据转成定长的小单元。定长的单元允许用硬件进行处理，也就是说减少了传输延时。

6.1.4　配置路由器 PPP

1. 了解 HDLC 协议封装

HDLC 协议采用 SDLC 的帧格式，支持同步、全双工操作，是不可靠的连接，封装该协议后的可靠连接是由上层完成的。HDLC 协议具有效率高、实现简单的特点，是一种点对点链路协议。

HDLC 的工作原理可以从协商建立连接、传输报文、超时断连三个阶段来看。

（1）协商建立连接阶段：HDLC 每隔 10 秒互相发送链路探测的协商报文，报文的收发顺序由序号决定，序号失序则造成链路断连。这种用来探询点对点链路是否激活状态的报文称为 KeepAlive 报文。

（2）传输报文阶段：将 IP 报文封装在 HDLC 层上，在数据传输过程中，仍然进行 KeepAlive 的报文协商以探测链路的合法有效。

（3）超时断连阶段：当封装 HDLC 的接口连续 10 次无法收到对方对自己的递增序号的确认时，HDLC Line Protocol 由 Up 转向 Down。此时链路处于瘫痪状态，数据无法传输。

2. 了解 PPP 封装

PPP 是目前使用最广泛的广域网协议，具有很多优点，如能够控制数据链路的建立，能够对 IP 地址进行分配等。PPP 可以分为网络控制协议（NCP）和链路控制协议（LCP），NCP 用来建立和配置不同的网络层协议，LCP 用于启动线路、测试、任选功能的协商及关闭连接。

需要注意的是，PPP 允许在一条链路上，传输采用了多种网络层协议的数据包，而 HDLC 协议仅仅支持 IP。

目前，拨号用户主要使用 PPP，租用路由器和路由器线路也可以采用 PPP。同时，PPP 可以支持多种网络层协议，而且具有验证协议 CHAP、PAP，从而保证了网络的安全性。PPP 的 LCP 选项包括认证、回拨、压缩和多链路捆绑。

3. PPP 协商过程

PPP 是为在同等单元之间传输数据包这样的简单链路而设计的链路层协议。这种链路提供全双工操作，按照顺序传递数据包。设计目的主要是通过拨号或专线方式建立点对点连接发送数据。PPP 已成为各种主机、交换机和路由器之间简单连接的一种共通的解决方案。

典型的 PPP 链路协商过程分为如下三个阶段：

- 链路建立阶段；
- 身份认证阶段（可选）；
- 网络协商阶段。

PPP 在协商的过程中，主要经过如图 6-6 所示的五个状态，下面分别进行说明。

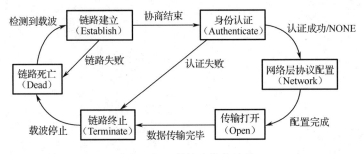

图 6-6 PPP 的链路协商过程

- 链路死亡状态（Dead）。链路一定是开始和结束于这个状态的。当一个外部事件（如载波侦听或网络管理员设定）指出物理层已经准备就绪时，PPP 将进入链路建立阶段。
- 链路建立状态（Establish）。在这个状态 PPP 通过发送和接收链路配置报文（Configuration），协商具体的参数选项，当收到并发送 Configurations Ack 后，该状态结束，即打开链路。如果线路中断或配置失效，将返回链路死亡状态。

- 身份认证状态（Authenticate）。在这个状态协商具体的认证参数，是否认证、进行什么认证、认证的参数交换等，当认证通过或不需认证时将开始网络层协议的协商，进入网络层协议配置状态，否则链路终止，最后回到链路死亡阶段。

- 网络层协议配置状态（Network）。LCP 协商成功将进入 NCP 的协商阶段，在这个阶段将进行网络层协议的协商，每一种网络层协议（如 IP、IPX 或 AppleTalk）都需要单独建立和配置一个 NCP，若任何一个 NCP 协商不成功则将随时关闭该 NCP。NCP 协商通过后将可以进行网络报文的通信。如果不成功，将关闭链路并进入链路终止状态，最后返回初始的链路死亡状态。

- 链路终止状态（Terminate）。因为链路失效、认证失败、链路质量状态失败、链路空闲时间超时或管理员关闭链路等原因，可随时进入链路终止状态。PPP 发送 Terminate Request 并在接收到 Terminate Ack 以后进入该状态。

4. 配置 PPP

路由器的大部分广域网接口默认使用 HDLC 协议，需使用 PPP 时，在路由器上手工指定接口类型。

若要封装 PPP，可在接口配置模式执行如下命令：

```
Router(config)#interface serial interface
！进入路由器广域网接口
Router(config-if-Serial 0/0)#encapsulation ppp
！配置接口协议为 PPP
```

【任务实施】配置 PPP 链路

【任务规划】

如图 6-7 所示为某校园网的出口路由器部署场景，校园网的出口路由器 RA 和电信的接入路由器 RB 通过 S0/0 串口相连，要配置点对点协议实现校园网安全通信。

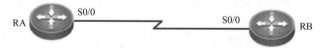

图 6-7　配置点对点协议

【实施过程】

该任务的详细配置步骤如下。

（1）按照拓扑图完成组网。

按照拓扑图完成网络场景组建。如果有相应接口变化，则修改接口名称，其配置信息没有变化。

（2）配置广域网接入链路（方法一）。

① 在路由器 RA 上配置广域网接入链路 PPP。

```
Router >enable
Router#config terminal
```

```
Router(config)#hostname RA
RA(config)#int S0/0                                      ! 进入 S0/0
RA(config-if-Serial 0/0)#encapsulation ppp              ! 封装 PPP
RA(config-if-Serial 0/0)#ip add 192.168.1.1 255.255.255.252   ! 设置接口 IP 地址
RA(config-if-Serial 0/0)#exit
```

② 在路由器 RB 上配置广域网接入链路 PPP。

```
Router >enable
Router#config terminal
Router(config)#hostname RB
RB(config)#int S0/0
RB(config-if-Serial 0/0)#encapsulation ppp              ! 封装 PPP
RB(config-if-Serial 0/0)#ip add 192.168.1.2 255.255.255.252   ! 设置接口 IP 地址
RB(config-if-Serial 0/0)#exit
RB(config)#show interface S0/0
……
```

（3）配置广域网接入链路（方法二）。

① 在路由器 RA 上配置广域网接入链路 PPP。

```
Router >enable
Router#config terminal
Router(config)#hostname RA
RA(config)#int S0/0
RA(config-if-Serial 0/0)#encapsulation ppp              ! 封装 PPP
RA(config-if-Serial 0/0)#ip add 192.168.1.1 255.255.255.252   ! 设置接口 IP 地址
RA(config-if-Serial 0/0)#peer default ip address 202.202.202.202
                         ! 为对端设备接口分配 IP 地址
RA(config-if-Serial 0/0)#exit
```

② 在路由器 RB 上配置广域网接入链路 PPP。

```
Router >enable
Router#config terminal
Router(config)#hostname RB
RB(config)#int S0/0
RB(config-if-Serial 0/0)#encapsulation ppp              ! 封装 PPP
RB(config-if-Serial 0/0)#ip add negotiated              ! 使用对端分配的 IP 地址
RB(config-if-Serial 0/0)#exit
RB(config)#show interface S0/0
……
```

6.2 任务 2　配置广域网链路安全认证

【任务描述】

北京某小学校园网的出口部分使用路由器的宽带接入技术，把校园网接入互联网中。为了满足学校不断增长的数字化教学服务的需求，学校专门向电信部门申请了专线接入。

因此，校园网的出口路由器与电信 ISP 路由器，在进行链路协商时需要验证身份，配置互连路由器之间的链路，并考虑通信的安全性。

【技术指导】

6.2.1　了解 PPP 安全认证

在 PPP 的链路协商过程中可以配置认证，客户端会将自己的身份发送给远端的接入服务器。该阶段使用一种安全验证方式避免第三方窃取数据，或冒充远程客户接管与客户端的连接。

在认证完成之前，禁止从认证阶段前进到网络层协议阶段。如果认证失败，认证者应该跃迁到链路终止阶段。在这一阶段，只有链路控制协议、认证协议和链路质量监视协议的报文是被允许的，在该阶段接收到的其他报文会被丢弃。

PPP 具有 PAP 和 CHAP 两种认证协议，PAP 认证只在链路建立初期进行，只有两次信息的交换，因此被称为两次握手。PAP 认证的弱点是用户名和口令明文发送，安全性不高，其优点是认证只在链路建立初期进行，节省了带宽。配置 PAP 需要在认证方和被认证方同时配置用户名和口令，且必须相同。

下面分别介绍 PAP 和 CHAP 两种认证方式。

（1）口令认证协议（PAP）。

PAP 认证过程首先是被认证方发送用户名和口令到认证方，认证方对用户名和口令进行认证，根据结果返回接受或拒绝认证请求信息，从而建立或拒绝建立连接。此过程被称为两次握手。因此，PAP 是一种简单的明文认证方式，如图 6-8 所示。

图 6-8　PAP 认证过程

其中，NAS（Network Access Server，网络接入服务器）要求用户提供用户名和口令，PAP 以明文方式返回用户信息。

很明显，这种认证方式的安全性较差，第三方可以很容易地获取被传送的用户名和口令，并利用这些信息与 NAS 建立连接，获取 NAS 提供的所有资源。所以，一旦用户口令被第三方窃取，PAP 无法提供避免受到第三方攻击的保障措施。

（2）挑战—握手认证协议（CHAP）。

CHAP 认证比 PAP 更安全，不只是在建立链路初期时需要认证，在链路建立后也需要多次认证，而且 CHAP 的认证过程也更为复杂，口令以密文方式发送。配置 CHAP 需要在认证方和被认证方同时配置用户名和口令，并且用户名为对方路由器的名称。

CHAP 是一种加密的认证方式，能够避免在建立连接时传送用户的真实口令，如图 6-9

所示。NAS 向远程用户发送一个挑战口令（Challenge），其中，包括会话 ID 和一个任意生成的挑战字串。远程客户必须使用 MD5 单向哈希算法返回用户名和加密的挑战口令、会话 ID 及用户口令，其中用户名以非哈希方式发送。

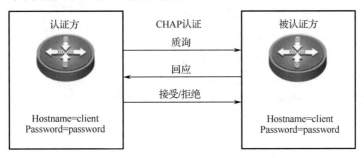

图 6-9　CHAP 认证过程

CHAP 对 PAP 进行了改进，不再直接通过链路发送明文口令，而是使用挑战口令以哈希算法对口令进行加密。因为服务器端存有客户的明文口令，所以服务器可以重复客户端的操作，并将结果与用户返回的口令进行对照。

CHAP 为每一次验证任意生成一个挑战字串来防止受到在线攻击。

在整个连接过程中，CHAP 将不定时地向客户端重复发送挑战口令，从而避免第三方冒充远程客户进行攻击。

6.2.2　配置 PAP 安全认证

配置 PAP 认证，先将接口类型配置为 PPP 后，再按照以下方法进行配置。

1. 配置服务器端

第 1 步，建立本地口令数据库。

Router(config)#username *name* { nopassword | password *password* }

第 2 步，要求进行 PAP 认证。

Router(config-if-Serial 0/0)#ppp authentication pap

2. 配置客户端

将用户名和口令发送到对端。

Router(config-if-Serial 0/0)#ppp pap sent-username *username* [password *password*]

6.2.3　配置 CHAP 安全认证

配置 CHAP 认证，先将接口类型配置为 PPP 后，再按照以下方法进行配置。

1. 配置服务器端

第 1 步，建立本地口令数据库。

Router(config)#username *name* {nopassword | password *password*}

第 2 步，要求进行 CHAP 认证。

Router (config-if-Serial 0/0)#ppp authentication chap

2. 配置客户端

建立本地口令数据库。

Router(config)#username *name* {nopassword | password *password*}

【任务实施】配置 PAP 安全认证

【任务规划】

为了满足学校不断增长的数字化教学服务的需求，学校专门向电信部门申请了专线接入，因此，校园网的出口路由器与电信 ISP 路由器，在进行链路协商时需要验证身份，还需考虑通信的安全性。如图 6-10 所示为某校园网的出口路由器部署场景，校园网的出口路由器 RA 和电信的接入路由器 RB 通过 S0/0 串口相连，需要配置 PAP 双向安全认证，实现校园网安全通信。

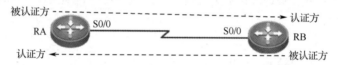

图 6-10　配置 PAP 双向安全认证的路由器部署场景

【实施过程】

该任务的详细配置步骤如下。

（1）按照拓扑图完成组网。

按照拓扑图完成网络场景组建。如果有相应接口变化，则修改接口名称，其配置信息没有变化。

（2）配置广域网接入链路。

① 在路由器 RA 上配置广域网接入链路 PPP 的 PAP 安全认证。

```
Router >enable
Router#config terminal
Router(config)#hostname RA
RA(config)#username RB password 123

RA(config)#interface S0/0
RA(config-if-Serial 0/0)#encapsulation ppp
RA(config-if-Serial 0/0)#ppp authentication pap
RA(config-if-Serial 0/0)#ppp pap sent-username RA    password 123
RA(config-if-Serial 0/0)#exit
RA(config)#show interface S0/0
......
```

② 在路由器 RB 上配置广域网接入链路 PPP 的 PAP 安全认证。

```
Router >enable
Router#config terminal
Router(config)#hostname RB
RB(config)#username RA password 123

RB(config)#interface S0/0
RB(config-if-Serial 0/0)#encapsulation ppp
RB(config-if-Serial 0/0)#ppp authentication pap
RB(config-if-Serial 0/0)#ppp pap sent-username RB    password 123
RB(config-if-Serial 0/0)#exit
RB(config)#show interface S0/0
……
```

【任务实施】配置 CHAP 安全认证

【任务规划】

为了满足学校不断增长的数字化教学服务的需求，学校专门向电信部门申请了专线接入，因此，校园网的出口路由器与电信 ISP 路由器，在进行链路协商时需要验证身份，保障通信的安全性。如图 6-11 所示为某校园网的出口路由器部署场景，校园网的出口路由器 RA 和电信的接入路由器 RB 通过 S0/0 串口相连，需要配置 CHAP 安全认证，实现校园网安全通信。

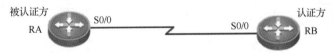

图 6-11　配置 CHAP 安全认证的路由器部署场景

【实施过程】

该任务的详细配置步骤如下。

（1）按照拓扑图完成组网。

按照拓扑图完成网络场景组建。如果有相应接口变化，则修改接口名称，配置信息没有变化。

（2）配置广域网接入链路。

① 在路由器 RA 上配置广域网接入链路 PPP 的 CHAP 安全认证。

```
Router >enable
Router#config terminal
Router(config)#hostname RA

RA(config)#interface S0/0
RA(config-if-Serial 0/0)#encapsulation ppp
RA(config-if-Serial 0/0)#ppp chap hostname ruijie
RA(config-if-Serial 0/0)#ppp chap password 123
RA(config-if-Serial 0/0)#exit
RA(config)#
```

② 在路由器 RB 上配置广域网接入链路 PPP 的 CHAP 安全认证。

```
Router >enable
Router#config terminal
Router(config)#hostname RB
RB(config)# username ruijie password 123

RB(config)#interface S0/0
RB(config-if-Serial 0/0)#encapsulation ppp
RB(config-if-Serial 0/0)#ppp authentication chap
RB(config-if-Serial 0/0)#exit
RB(config)#show interface S0/0
……
```

6.3 任务 3　配置路由器 NAT

【任务描述】

北京某小学校园网的出口部分使用路由器的宽带接入技术，把校园网接入互联网。为了满足学校不断增长的数字化教学服务的需求，学校专门向电信部门申请了专线接入，该专线分配公网 IP 地址，通过配置 NAT 地址转换技术，实现校园网能够使用公网地址访问互联网的目的。

【技术指导】

6.3.1　了解路由器 NAT 技术

1. NAT 技术简介

随着 Internet 技术的飞速发展，越来越多的用户需要连入互联网，无论在办公室、酒店、学校、公司及家庭，人们都需要接入互联网进行办公、娱乐等，互联网中任何两台主机间通信需要全球唯一的 IP 地址。

目前互联网中存在的一个重要问题是 IP 地址需求急剧膨胀，IP 地址空间枯竭，NAT 技术的使用有效的缓解了该问题。NAT（Network Address Translation，网络地址转换）是将 IP 数据包头中的 IP 地址转换为另一个 IP 地址的过程。

在实际应用中，NAT 主要用于实现私有网络中终端访问公共网络的功能。这种通过使用少量的公有 IP 地址代表较多的私有 IP 地址的方式，将有助于减缓可用 IP 地址空间的不足的问题。

NAT 特性的应用，使得在本地网络中使用私有地址，在连接互联网时转而使用全局唯一可路由的 IP 地址。这样，一个组织就可以将本来非全局可路由 IP 地址通过 NAT 之后，变为全局可路由 IP 地址，实现了原有网络与互联网的连接，而不需要重新给每台主机分配 IP 地址。

2. NAT 主要应用场景

NAT 技术主要应用于以下场景。

（1）主机没有全局唯一的可路由 IP 地址，却需要与互联网连接。NAT 使得用非注册 IP 地址构建的私有网络可以与互联网连通，这也是 NAT 最重要的用处之一。NAT 是在连接内部网络和外部网络的边界路由器上进行配置的，当内部网络主机访问外部网络时，将内部网络地址转换为全局唯一的可路由 IP 地址。

（2）需要做 TCP 流量的负载均衡，又不想购买昂贵的专业设备。可以将单个全局 IP 地址对应到多个内部 IP 地址，这样 NAT 就可以通过轮询方式实现 TCP 流量的负载均衡。

3．NAT 技术应用存在的问题

（1）影响网络速度。NAT 技术的应用可能会使 NAT 设备成为网络的瓶颈，随着软、硬件技术的发展，该问题已经逐渐得到改善。

（2）跟某些应用不兼容。如果一些应用在有效载荷中协商下次会话的 IP 地址和端口号，NAT 将无法对内嵌 IP 地址进行地址转换，导致这些应用不能正常运行。

（3）地址转换不能处理 IP 报头加密的报文。

（4）无法实现对 IP 端到端的路径跟踪。经过 NAT 地址转换之后，对数据包的路径跟踪将变得十分困难。

6.3.2　了解路由器 NAT 技术原理

1．NAT 技术工作过程

在 NAT 技术中需要理解以下几种地址描述。

（1）内部网络（Inside）：这些网络的地址需要被转换。在内部网络，每台主机都被分配了一个内部 IP 地址，但与外部网络通信时，又需要转换为另外一个 IP 地址。每台主机的前一个 IP 地址又称为内部本地地址，后一个 IP 地址又称为外部全局地址。

（2）外部网络（Outside）：是指内部网络需要连接的网络，一般指互联网。

（3）内部本地地址（Inside Local IP Address）：是指分配给内部网络主机的 IP 地址，该地址可能是非法的未向相关机构注册的 IP 地址，也可能是合法的私有网络地址。

（4）内部全局地址（Inside Global IP Address）：合法的全局可路由 IP 地址，在外部网络代表着一个或多个内部本地地址。

（5）外部本地地址（Outside Local IP Address）：外部网络的主机在内部网络中表现出的 IP 地址，该地址是内部可路由 IP 地址，一般不是注册的全局唯一地址。

（6）外部全局地址（Outside Global IP Address）：外部网络分配给外部主机的 IP 地址，该地址为全局可路由 IP 地址。

如图 6-12 所示，当内部网络中的一台主机想传输数据到外部网络时，它先将数据包传输到 NAT 路由器上，路由器检查数据包的报头，获取该数据包的源 IP 信息，并从它的 NAT 映射表中找出与该 IP 信息匹配的转换条目，用所选用的内部全局地址来替换内部本地地址，并转发数据包。当外部网络对内部主机进行应答时，数据包被发送到 NAT 路由器上，路由器接收到目的地址为内部全局地址的数据包后，通过 NAT 映射表查找出内部本地地址，然后将数据包的目的地址替换成内部本地地址，并将数据包转发到内部主机。

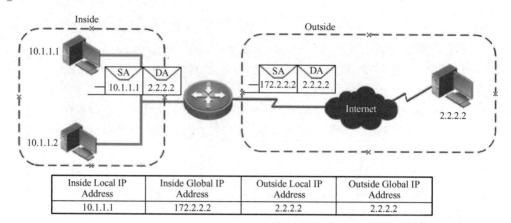

Inside Local IP Address	Inside Global IP Address	Outside Local IP Address	Outside Global IP Address
10.1.1.1	172.2.2.2	2.2.2.2	2.2.2.2

图 6-12　NAT 工作过程

2. NAT 技术分类

根据 NAT 的映射方式可分为静态 NAT 和动态 NAT。其中，静态 NAT 通过手动方式建立一个内部 IP 地址到一个外部 IP 地址的映射关系，该方式经常用于企业网的内部设备需要能够被外部网络访问到的场合。动态 NAT 将一个内部 IP 地址转换为一组外部 IP 地址（地址池）中的一个 IP 地址，该方式常用于整个公司共用多个公网 IP 地址访问 Internet 的场合。

6.3.3　配置路由器 NAT 技术

1. 配置静态 NAT

第 1 步，指定内部接口和外部接口。

Router(config-if-FastEthernet 0/0)#ip nat { inside | outside}

第 2 步，配置静态转换条目。

Router(config)#ip nat inside source static *local-ip* { interface *interface* | *global-ip* }

2. 配置动态 NAT

第 1 步，指定内部接口和外部接口。

Router(config-if-FastEthernet 0/0)#ip nat { inside | outside }

第 2 步，定义 IP 访问控制列表。

Router(config)#access-list *access-list-number* { permit | deny } *address*

第 3 步，定义一个地址池。

Router(config)#ip nat pool *pool-name start-ip end-ip* { netmask *netmask* | prefix-length *prefix-length* }

第 4 步，配置动态转换条目。

Router(config)#ip nat inside source list *access-list-number* { interface *interface* | pool *pool-name*}

3．查看 NAT 的操作

Router#show ip nat translations	！显示活动的转换条目
……	
Router# show ip nat statistics	！显示转换的统计信息
……	
Router#clear ip nat translation *	！清除所有的转换条目
……	

6.3.4　了解路由器 NAPT 技术

1．概述

由于 NAT 技术是实现私有 IP 地址和公共 IP 地址之间的转换，那么，私有网中同时与公共网进行通信的主机数量就受到 NAT 的公共 IP 地址数量的限制。为了克服这种限制，NAT 技术被进一步扩展到在进行 IP 地址转换的同时进行端口的转换，这就是 NAPT（Network Address Port Translation，网络地址端口转换）技术。

NAPT 与 NAT 的区别在于，NAPT 不仅转换 IP 包中的 IP 地址，还对 IP 包中 TCP 和 UDP 的端口进行转换。这使得多台私有网主机利用一个公共 IP 地址就可以同时和公共网进行通信。

2．NAPT 类型

传统的 NAT 一般是指一对一的地址映射，不能同时满足所有的内部网络主机与外部网络通信的需要。使用 NAPT，可以将多个内部本地地址映射到一个内部全局地址，路由器用"内部全局地址+TCP/UDP 端口号"来对应"一个内部主机地址+TCP/UDP 端口号"。

当进行 NAPT 转换时，路由器需要维护足够多的信息（如 IP 地址、TCP/UDP 端口号）才能将全局地址转换回内部本地地址。

内部源地址 NAPT 配置有以下两种方式。

- 内部源地址静态 NAPT：当内部主机需要对外部网络提供服务，而又缺乏全局地址，或者就没有申请全局地址时，就可以考虑配置静态 NAPT。静态 NAPT 的内部全局地址可以是路由器外部接口的 IP 地址，也可以是向 CNNIC 申请来的 IP 地址。
- 内部源地址动态 NAPT：允许内部所有主机访问外部网络。动态 NAPT 的内部全局地址可以是路由器外部接口的 IP 地址，也可以是向 CNNIC 申请来的 IP 地址。

3．配置 NAPT

（1）配置动态 NAPT。

第 1 步，指定内部接口和外部接口。

Router (config-if-FastEthernet 0/0)#ip nat { inside | outside }

第 2 步，定义 IP 访问控制列表。

Router (config)#access-list *access-list-number* { permit | deny } *address*

第3步，定义一个地址池。

Router (config)#ip nat pool *pool-name start-ip end-ip* { netmask *netmask* | prefix-length *prefix-length* }

第4步，配置动态端口转换条目。

Router (config)#ip nat inside source list *access-list-number* { interface *interface* | pool *pool-name*} overload
！配置"overload"参数则为NAPT，锐捷默认为NAPT

（2）配置静态NAPT。

第1步，指定内部接口和外部接口。

Router (config-if-FastEthernet 0/0)#ip nat { inside | outside }

第2步，配置静态端口转换条目。

Router (config)#ip nat inside source static {tcp | udp} *local-ip local-port* {interface *interface* | *global-ip*} *global-port*

【任务实施】配置 NAT 地址转换

【任务规划】

为了满足学校不断增长的数字化教学服务的需求，学校专门向电信部门申请了专线接入，如图6-13所示接入互联网的场景。其中，校园网中出口路由器Router1的Fa0/0口连接核心交换机的G0/24接口，核心交换机的G0/1连接校园网中的测试计算机PC1上。

图6-13　校园网中出口路由器NAT应用网络拓扑

学校申请一条连接外网的专线线路，出口路由器Router1的Fa0/1口连接外网，申请的公网地址为202.1.1.0/24网段。其中，规划的出口路由器Router1的Fa0/1口的IP地址为202.1.1.2/24，网关为202.1.1.1。在此，使用路由器Router2模拟公网设备，Router2的Fa0/0口的IP地址规划为202.1.1.1/24，在Router2上配置Loopback 0接口模拟公网测试接口，规划公网的IP地址为200.1.1.1/32。希望实现如下的要求：

（1）校园网中测试计算机PC1能访问模拟公网测试接口地址200.1.1.1。

（2）校园网中有一台服务器192.168.1.20/24需要对外网提供Web服务，请将服务器映射到外网。

【实施过程】

该任务的详细配置步骤如下。

（1）按照拓扑图完成组网。

按照拓扑图完成网络场景组建。如果有相应接口变化，则修改接口名称，其配置信息没有变化。

（2）配置测试计算机私有 IP 地址。

按照上面的规划地址，完成校园网中测试计算机 PC1 的 IP 地址（192.168.1.1/24）和网关地址（192.168.1.254/24）的配置。

限于篇幅，此处配置内容省略。

（3）完成校园网中核心交换机 Switch 的基本信息配置。

```
Switch>enable
Switch#config terminal
Switch(config)#inter Gi0/24
Switch(config-if-GigabitEthernet 0/24)#no switchport
Switch(config-if-GigabitEthernet 0/24)#ip addre 192.168.255.253 255.255.255.252
Switch(config-if-GigabitEthernet 0/24)#exit

Switch(config)#vlan 10
Switch(config-vlan)#int vlan 10
Switch(config-if-VLAN 10)#ip address 192.168.1.254 255.255.255.0
Switch(config-if-VLAN 10)#exit

Switch(config)#int Gi 0/1
Switch(config-if-GigabitEthernet 0/1)#switchport access vlan 10
Switch(config-if-GigabitEthernet 0/1)#exit
Switch(config)#
```

（4）完成路由器的信息配置。

① 完成校园网中出口路由器 Router1 的基本信息配置。

```
Router >enable
Router#config terminal
Router(config)#hostname Router1
Router1(config)#inter fa0/0
Router1(config-if-FastEthernet 0/0)#ip addres 192.168.255.254 255.255.255.252
Router1(config-if-FastEthernet 0/0)#exit

Router1(config)#int fa0/1
Router1(config-if-FastEthernet 0/1)# ip address 202.1.1.2 255.255.255.0
Router1(config-if-FastEthernet 0/1)#exit
Router1(config)#
```

② 完成电信路由器 Router2 的基本信息配置。

```
Router >enable
Router#config terminal
Router(config)#hostname Router2
Router2(config)#int fa0/0
Router2(config-if-FastEthernet 0/0)#ip address 202.1.1.1 255.255.255.0
Router2(config-if-FastEthernet 0/0)#exit

Router2(config)#int loopback 0
```

Router2(config-if-Loopback 0)#ip address 200.1.1.1 255.255.255.255
Router2(config-if-Loopback 0)#exit
Router2(config)#

（5）完成校园网的路由信息配置。

① 完成核心交换机 Switch 的路由信息配置。

Switch(config)#ip route 0.0.0.0 0.0.0.0 192.168.255.254
!将访问外网数据发给 Router1

② 完成路由器 Router1 的路由信息配置。

Router1(config)#ip route 0.0.0.0 0.0.0.0 202.1.1.1
!将访问外网数据发给 Router2
Router1(config)#ip route 192.168.0.0 255.255.0.0 192.168.255.253
!将内网数据发给 Switch

备注：无须给 Router2 配置静态路由，如果配置可能不做 NAT 也能通信。

（6）在校园网出口路由器 Router1 上配置 NAT。

Router1(config)#int fa0/0
Router1(config-if-FastEthernet 0/0)#ip nat inside   !指定内部接口
Router1(config-if-FastEthernet 0/0)#exit

Router1(config)#int fa0/1
Router1(config-if-FastEthernet 0/1)#ip nat outside   !指定外部接口
Router1(config-if-FastEthernet 0/1)#exit
Router1(config)#access-list 1 permit 192.168.0.0 0.0.255.255
!配置访问控制列表
Router1(config)#ip nat pool dingxiligong netmask 255.255.255.0
!配置 NAT 地址池
Router1(config-ipnat-pool)#address 202.1.1.3 202.1.1.5
Router1(config-ipnat-pool)#exit
Router1(config)#ip nat inside source list 1 pool dingxiligong overload
!配置 NAT 规则
Router1(config)#

备注：访问控制列表表示数据满足该条件就做 NAT，NAT 地址池表示转换后的地址。

（7）配置服务器的端口映射。

Router1(config)#ip nat inside source static tcp 192.168.1.20 80 202.1.1.6 80

备注：使用端口映射将内网相关端口映射到公网的相关端口。一般公网地址要使用没有被占用的地址。

（8）验证配置。
查看 NAT 转换表，如图 6-14 所示。

Router1#show ip nat traslation

```
router1#show ip nat tr
Pro Inside global      Inside local       Outside local      Outside global
icmp202.1.1.5:655      192.168.1.1:655    200.1.1.1          200.1.1.1
```

图 6-14 NAT 转换表

【认证测试】

下列每道试题都有多个答案选项，请选择一个最佳的答案。

1. 某公司维护它自己的公共 Web 服务器，并打算实现 NAT，应该为该 Web 服务器使用（   ）类型的 NAT。

 A. 动态   B. 静态

 C. PAT   D. 不用使用 NAT

2. （   ）的时候需要 NAPT。

 A. 缺乏全局 IP 地址

 B. 没有专门申请的全局 IP 地址，只有一个连接 ISP 的全局 IP 地址

 C. 内部网要求访问外网的主机数很多

 D. 提高内网的安全性

3. 下列对 NAT 技术产生的目的的描述中，正确的是（   ）。

 A. 为了隐藏局域网内部服务器的真实 IP 地址

 B. 为了缓解 IP 地址空间枯竭的速度

 C. IPv4 向 IPv6 过渡时期的手段

 D. 一项专有技术，为了增加网络的可利用率而开发

4. 常以私有地址出现在 NAT 技术当中的地址被称为（   ）。

 A. 内部本地   B. 内部全局   C. 外部本地   D. 转换地址

5. 将内部地址映射到外部网络的一个 IP 地址的不同端口上的技术是（   ）。

 A. 静态 NAT   B. 动态 NAT   C. NAPT   D. 一对一映射

6. 关于静态 NAPT，下列说法错误的是（   ）。

 A. 需要有向外网提供信息服务的主机

 B. 永久的一对一"IP 地址+端口"映射关系

 C. 临时的一对一"IP 地址+端口"映射关系

 D. 固定转换端口

7. 要将内部地址 192.168.1.2 转换为外部地址 192.1.1.3，正确的配置为（   ）。

 A. Router(config)#ip nat source static 192.168.1.2 192.1.1.3

 B. Router(config)#ip nat static 192.168.1.2 192.1.1.3

 C. Router#ip nat source static 192.168.1.2 192.1.1.3

 D. Router#ip nat static 192.168.1.2

8. 查看静态 NAT 映射条目的命令为（   ）。

 A. show ip nat statistics   B. show nat ip statistics

 C. show ip interface   D. show ip nat route

9. 下列配置中，属于 NAPT 的是（   ）。

 A. Ra(config)#ip nat inside source list 10 pool abc

B．Ra(config)#ip nat inside source 1.1.1.1 2.2.2.2

C．Ra(config)#ip nat inside source list 10 pool abc overload

D．Ra(config)#ip nat inside source tcp 1.1.1.1 1024 2.2.2.2 1024

10．NAT 可以配置在很多场合，但一般不会出现在下列哪种载体上？（　　　）

    A．纯软件 NAT　　　　　　　　　　　　B．防火墙 NAT

    C．路由器 NAT　　　　　　　　　　　　D．二层交换 NAT

11．下列哪一个是传输层的协议？（　　　）

    A．LLC　　　　　　　B．IP　　　　　　　C．SQL　　　　　　D．UDP

12．在路由器默认的同步口的封装方式是（　　　）。

    A．PPP　　　　　　　B．HDLC　　　　　　C．Frame-Relay　　D．X.25

13．HDLC 协议工作在 OSI 七层模型中的哪一层？（　　　）

    A．物理层　　　　　　B．数据链路层　　　　C．传输层　　　　　D．会话层

14．以下哪种是包交换协议？（　　　）

    A．ISDN　　　　　　B．帧中继　　　　　　C．PPP　　　　　　D．HDLC

15．PPP 支持下列哪个网络层协议？（　　　）

    A．IP　　　　　　　　B．ARP　　　　　　　C．RIP　　　　　　D．FTP

16．PPP 支持的安全认证是（　　　）。

    A．PAP　　　　　　　B．CARP　　　　　　C．RIP　　　　　　D．OSPF

17．下列哪个路由协议属于链路状态路由协议？（　　　）

    A．RIPv1　　　　　　B．IS-IS　　　　　　C．OSPF　　　　　D．RIPv2

18．下列哪个属于分组交换广域网接入技术的协议？（　　　）

    A．Frame-Relay　　　B．ISDN　　　　　　C．ADSL　　　　　D．DDN

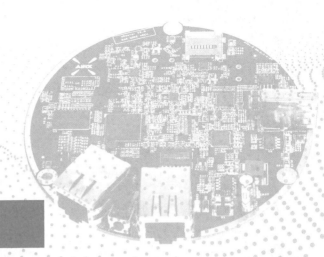

第7章
交换网络安全技术

【项目描述】

如图 7-1 所示，在网络中会涉及不同类型的终端设备，如笔记本电脑、台式机、手机、平板电脑和服务器等，如何过滤办公网内部的用户通信，保障安全有效的数据转发；如何阻挡非法用户，保障网络安全应用；如何进行安全网管，及时发现网络非法用户、非法行为及远程网管信息的安全性等，都是网络构建人员首先要考虑的问题。

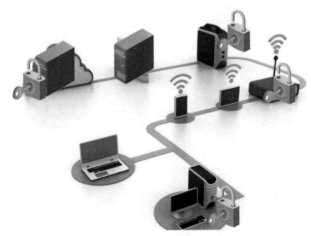

图 7-1　网络通信可能涉及的不同终端

在一个交换网络中，会涉及一个非常重要的设备——交换机，交换机最重要的作用就是转发数据，在黑客攻击和病毒侵扰下，交换机要能够继续保持高效的数据转发速率，不受攻击干扰，这是交换机所需要的最基本的安全功能。同时交换机作为整个网络的核心，应该能对访问

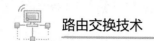

和存取网络信息用户，进行区分和权限控制。更重要的是，交换机还应该配合其他网络安全设备，对非授权访问和网络攻击进行监控和阻止。

【项目目标】

本章通过 3 个任务的学习，帮助学生了解交换网络安全技术，实现以下目标。

1. 知识目标

（1）了解交换机、路由器设备登录密码的配置知识。
（2）掌握交换机端口安全知识：地址捆绑、保护端口、镜像端口等。
（3）掌握访问控制列表知识：标准的访问控制列表和扩展的访问控制列表。

2. 技能目标

（1）掌握交换机端口的配置。
（2）掌握标准的访问控制列表的配置。
（3）掌握扩展的访问控制列表的配置。

3. 素养目标

（1）学会整理知识笔记，按照标准格式制作实训报告。
（2）能保持工作环境干净，实现物料放置地整洁，遵守 6S 现场管理标准。
（3）学会和同伴友好沟通，建立友好的团队合作关系。
（4）在实训现场具有良好的安全意识，懂得安全操作知识，严格按照安全标准流程操作。

【素质拓展】

居安思危，思则有备，备则无患。——《左传·襄公十一年》

"没有网络安全就没有国家安全，网络安全事关国家安全和国家发展、事关广大人民群众工作生活，深刻影响政治、经济、文化、社会、军事等各领域安全。"在网络组建的学习中，掌握交换机端口安全配置、访问控制列表安全配置、网络设备密码安全配置等技术，着力提高自身的网络安全防护意识，争做新时代网络法治的"守护者"、网络文明的"传播者"和网络安全的"践行者"，共同筑牢网络安全防线。

【项目实践】

7.1 任务 1　配置交换机登录安全

【任务描述】

按照国家最新的等保要求，交换机的 Console 口必须使用密码保护，才可以正常使用交换机设备。但是，出厂的交换机及路由器设备都是裸机，没有任何安全保护手段，因此，需要为某学校安装的交换机和路由器设备配置登录密码保护。

【技术指导】

7.1.1　交换网络安全概述

人们越来越多地通过各种网络处理工作、学习、生活，但由于 Internet 的开放性和匿名性特征，未授权用户对网络的入侵变得日益频繁，Internet 中存在着各种安全隐患，如图 7-2 所示。

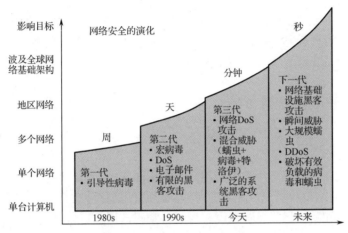

图 7-2　网络安全隐患的发展史

据统计，目前网络攻击手段有数千种之多，在全球范围内每数秒钟就发生一起网络攻击事件。若不解决这一系列的安全隐患，势必对网络的应用和发展及网络中用户的利益造成很大的影响。随着计算机网络技术的不断扩展，网络安全成为网络发展的首要问题。

网络安全隐患是指借助计算机或其他通信设备，利用网络开放性和匿名性的特征，在进行网络交互操作时，进行的窃听、攻击或其他破坏行为，具有侵犯系统安全或危害系统资源的危险。

企业内部的网络安全隐患包括的范围更广泛，如自然火灾、意外事故、人为行为（如设备使用不当、安全意识低等）、黑客行为、内部泄密、外部泄密、信息丢失、电子监听（如信息流量分析、信息窃取等）和信息战等。

一般根据网络安全隐患的源头可分为以下几类。

（1）非人为或自然力造成的硬件故障、电源故障、软件错误、火灾、水灾、风暴和工业事故等。

（2）人为但属于操作人员无意的失误造成的数据丢失或损坏。

（3）来自企业网络外部和内部人员的恶意攻击和破坏。

为保护网络系统中的硬件、软件及数据，不因偶然或恶意的原因而遭到破坏、更改、泄漏，保证网络系统连续、可靠及正常地运行，网络服务不被中断等都称为计算机网络安全管理的内容。从狭义角度来看，网络安全涉及到网络系统和资源不受自然或人为因素的威胁和破坏；从广义角度来看，凡涉及网络中信息的保密性、完整性、可用性、真实性和可控性的所有技术都是网络安全保护的内容。

常见网络管理中存在的安全问题主要如下。

（1）机房安全。机房是网络设备运行的控制中心，经常发生的安全问题，如物理安全（火灾、雷击、盗贼等）、电气安全（停电、负载不均等）等情况。

（2）病毒的侵入。Internet 开拓性的发展，使病毒传播发展成为灾难。据美国国家计算机安全协会（NCSA）一项调查发现，几乎 100%的美国大公司都曾在他们的网络中经历过计算机病毒的危害。

（3）攻击者的攻击。得益于 Internet 的开放性和匿名性特征，给 Internet 应用造成了很多漏洞，从而给别有用心的人有可乘之机，来自企业网络内部或外部的攻击都给目前的网络造成了很大的隐患。

（4）管理不健全造成的安全漏洞。从网络安全的广义角度来看，网络安全不仅仅是技术问题，更是一个管理问题。它包含管理机构、法律、技术、经济等各方面。网络安全技术只是实现网络安全的工具，要彻底解决网络安全问题，必须有综合的解决方案。

7.1.2　交换网络中控制台安全

1．概述

可网管网络设备都会有一个控制台端口（Console），通过这个控制台端口，可以对网络设备进行管理。当网络设备第一次使用的时候，必须采用通过控制台端口方式对其进行配置。出厂的裸机交换机和路由器设备默认没有控制台密码，用户可以直接登录。

可通过下面介绍的方式给交换机设置密码。设置了密码后，用户登录交换机时，需要先输入密码才能登录到用户模式。一般还会设置特权密码，这样用户从用户模式进入特权模式还需要再次输入密码。

2．配置交换机控制台安全

配置交换机控制台安全的命令如下：

```
Switch(config)#line concole 0              ！进入 Console 口的配置模式
Switch(config-line)#password password      ！配置密码
Switch(config-line)#login                  ！加载密码
```

3．设置路由器控制台密码

目前路由器及交换机设备使用的操作系统都是 NOS。因此，路由器设置控制台密码的方法与交换机基本一致，也是在控制台模式下配置密码。

4．设置控制台超时时间

管理员配置网络设备时，如果已经登录到设备上，这时管理员离开计算机后如果有外人靠近计算机并对网络设备进行配置，可能会出现问题。因此需要给控制台设置超时时间，也就是说在一段时间内没有配置网络设备，会自动退出，如果需要配置就要再次输入密码。

配置方法如下：

```
Router(config)#line console 0
Router(config-line)#exec-timeout times
```

! 设置超时时间（不设置将为系统默认时间）

交换机和路由器的配置方法基本相同。

5. 配置交换机远程登录的安全

除通过 Console 端口与网络设备直接相连管理设备之外，用户还可以通过 Telnet 程序和交换机 RJ45 接口建立远程连接，以方便管理员从远程登录交换机管理设备。用户使用 Telnet 方式访问网络设备也需要通过密码口令对其鉴别。配置交换机的远程登录密码：

```
Switch >enable
Switch #configure terminal
Switch(config)#enable secret level 1 0 star          ! 配置远程登录密码
Switch(config)#enable secret level 15 0 star         ! 配置进入特权模式密码
Switch(config)#interface vlan 1                      ! 配置远程登录交换机的管理地址
Switch(config-if)#no shutdown
Switch(config-if)#ip address 192.168.1.1 255.255.255.0
Switch(config-if)#exit
! 其中 level 1 表示口令所适用的特权级别，0 表示输入的是明文形式口令
! vlan 1 表示交换机的管理地址
```

【任务实施】配置网络设备登录密码

【任务规划】

如图 7-3 所示，正常情况下，配置计算机 PC1 接入交换机的 Console 口后，就可以登录到交换机的用户模式，配置从用户模式进入特权模式时输入密码。为了防止非法用户在用户模式下进行非法操作，需要配置交换机控制台密码。

Console口
配置线
PC1

图 7-3 配置交换机控制台密码安全

【实施过程】

该任务的详细配置步骤如下。

（1）按照拓扑图完成组网。

按照拓扑图完成网络场景组建。如果有相应接口变化，则修改接口名称，其配置信息没有变化。

（2）配置交换机控制台密码。

```
Switch>enable
Switch #config terminal                              ! 进入全局配置模式
Switch(config)#line console 0                        ! 进入控制台模式
Switch(config-line)#password dingxiligong            ! 配置控制台密码
Switch(config-line)#login
```

```
Switch(config-line)#end
----------------------------------------------------
Switch CON0 is now available
Press RETURN to get started
User Access Verification
Password:_____  ！输入控制台密码
Switch > _____ ！进入用户模式
```

（3）配置登录控制台的超时时间。

Switch (config)#line console 0	！进入控制台
Switch (config-line)#exec-timeout 21	！设置超时时间
Switch (config-line)#exit	！退出控制台

备注：超时时间默认为 10 分钟，0 代表不退出。

7.2 任务 2　配置交换机端口安全

【任务描述】

某学校的校园网中要求对网络进行严格控制。为了防止学校内部用户的 IP 地址冲突，以及学校内部的网络攻击和破坏行为，为每一位教职工分配了固定的 IP 地址，并且限制只允许学校教职工的主机可以使用网络，不得随意连接其他主机。

【技术指导】

7.2.1　交换机端口安全

1．了解交换机端口安全

当组建一个大型的网络时，有时候有很多端口会被安放在各个地方，这样就无法保证每个端口都在安全的区域中，或某一个端口比较重要只允许特定的几块网卡接入，这就是基于 MAC 地址的端口安全。每个网络设备的端口或每块网卡都有全球唯一的 MAC 地址，交换机允许在某个端口上指定只允许某个或某几个 MAC 地址接入来保护这个端口，也可以通过一台安全服务器来允许或拒绝一组 MAC 地址的接入。

2．交换机端口安全类型

交换机的端口是连接网络终端设备的重要关口，加强交换机的端口安全是提高整个网络安全的关键。在默认情况下交换机的端口是完全敞开的，不提供任何安全检查措施。因此为保护网络内的用户安全，对交换机的端口增加安全访问功能，可以有效地保护网络的安全。

大部分的网络攻击行为都采用欺骗源 IP 或源 MAC 地址的方法，对网络的核心设备进行连续的数据包的攻击，从而达到耗尽网络核心设备系统资源目的，如典型的 ARP 攻击、MAC 攻击、DHCP 攻击等。这些针对交换机的端口产生的攻击行为，可以通过启用交换机的端口安全功能特性来防范。通过在交换机的某个端口上配置限制访问的 MAC 地址及 IP 地址（可选），可以控制该端口上的数据安全输入。

端口安全主要有以下两种作用：

● 限制交换机端口能接入的最大主机数；

● 根据需要针对端口绑定用户地址。

利用交换机端口安全这个特性，可以实现网络接入安全。

（1）配置交换机端口的最大连接数。

最常用的对端口安全的理解就是可根据 MAC 地址来进行对网络流量的控制和管理，比如 MAC 地址与具体的端口绑定，限制具体端口通过的 MAC 地址的数量，或者在具体的端口不允许某些 MAC 地址的帧流量通过。

交换机的端口安全功能还表现在：可以限制一个端口上能连接安全地址的最大个数。如果一个端口被配置为安全端口，配置有最大的安全地址的连接数量，当其上连接的安全地址的数目达到允许的最大个数，或者该端口收到一个源地址不属于该端口上的安全地址时，交换机将产生一个安全违例通知。

交换机的端口安全违例产生后，可以选择多种方式来处理违例，如丢弃接收到的报文，发送违例通知或关闭相应端口等。如果将交换机某个端口上的最大个数设置为 1，并且为该端口只配置了一个安全地址，则连接到这个端口上的工作站（其地址为配置的安全地址）将独享该端口的全部带宽。

通过 MAC 地址来限制端口流量，此配置允许 Trunk 口最多通过 100 个 MAC 地址，当超过 100 时，交换机继续工作，但来自新的主机的数据帧将被丢弃。下面的配置根据 MAC 地址数量来允许通过流量。

```
Switch (config)#int fa0/1
Switch (config-if)#switchport mode trunk                    ! 配置端口模式为 Trunk
Switch 1(config-if)#switchport port-security maximum 100
! 允许此端口通过的最大 MAC 地址数目为 100
Switch (config-if)#switchport port-security violation protect
! 当主机 MAC 地址数目超过 100 时，交换机继续工作，但来自新的主机的数据帧将被丢弃
```

（2）配置交换机端口的地址绑定。

当交换机的端口配置了端口安全功能：设置来自于某些源地址的数据是合法数据后，打开交换机的端口安全功能，除了源地址为这些安全地址的包外，这个端口将不转发其他任何包。为了增强网络的安全性，还可以将 MAC 地址和 IP 地址绑定起来，作为安全接入的地址，实施更为严格的访问限制，当然也可以只绑定其中的一个地址，如只绑定 MAC 地址而不绑定 IP 地址，或者相反。

利用交换机的端口安全这个特性，网络管理人员可以通过限制允许访问交换机上某个端口的 MAC 地址及 IP 地址（可选），来实现严格控制对该端口的输入。

当为安全端口（打开了端口安全功能的端口）配置了一些安全地址后，则除源地址为这些安全地址的包外，这个端口将不转发其他任何报文。当 MAC 地址与端口绑定后，当发现主机的 MAC 地址与交换机上指定的 MAC 地址不同时，交换机相应的端口将 Down 掉。当给端口指定 MAC 地址时，端口模式必须为 Access 或 Trunk 状态。

下面为根据 MAC 地址来拒绝流量的配置过程。

```
Switch# (config)#int fa0/1
Switch# (config-if)#switchport mode access                    ! 指定端口模式
Switch# (config-if)#switchport port-security mac-address 00-90-F5-10-79-C1
! 配置 MAC 地址
Switch# (config-if)#switchport port-security maximum 1
! 限制此端口允许通过的 MAC 地址数为 1
Switch# (config-if)#switchport port-security violation shutdown
! 当发现与上述配置的 MAC 地址不符时，将端口 Down 掉
```

3. 交换机端口安全违例处理

当用户发出不符合交换机端口安全的数据，交换机会进行违例处理，处理违例的方法如下。

● Protect：当安全地址个数满后，安全端口将丢弃所有新接入的用户数据流。该处理模式为默认的对违例的处理模式。

● Restrict：当违例产生时，将发送一个 Trap 通知。

● Shutdown：当违例产生时，将关闭端口并发送一个 Trap 通知。

4. 交换机端口安全限制

当交换机配置端口安全时有如下一些限制：

● 一个安全端口不能是一个 Aggregate Port；

● 一个安全端口只能是一个 Access Port。

一个千兆端口上最多支持 120 个同时申明 IP 地址和 MAC 地址的安全地址。另外，由于这种同时申明 IP 地址和 MAC 地址的安全地址占用的硬件资源与多个 ACL 等系统硬件资源共享，因此，当在某一个端口上应用了多个 ACL，则相应的该端口上所能设置的申明 IP 地址的安全地址个数将会减少。

建议一个安全端口上的安全地址的格式保持一致，即一个端口上的安全地址要么全是绑定了 IP 地址的安全地址，要么都是不绑定 IP 地址的安全地址。

如果一个安全端口同时包含这两种格式的安全地址，则不绑定 IP 地址的安全地址将失效（绑定 IP 地址的安全地址优先级更高），这时如果想使端口上不绑定 IP 地址的安全地址生效，则必须删除端口上所有的绑定了 IP 地址的安全地址。

5. 配置交换机端口安全

第 1 步，开启端口安全。

```
Switch(config-if-FastEthernet 0/1)#switchport port-security
```

第 2 步，配置安全策略：配置最大安全地址数。

```
Switch(config-if-FastEthernet 0/1)#switchport port-security maximum number
```

第 3 步，配置安全策略：绑定用户信息。

● 针对端口进行 MAC 地址绑定（只绑定并检查二层源 MAC 地址）。

```
Switch(config-if-FastEthernet 0/1)#switchport port-security mac-address mac-address vlan vlan-id
```

● 针对端口绑定 IP 地址（只绑定并检查源 IP 地址）。

Switch(config-if-FastEthernet 0/1)#switchport port-security binding *ip-address*

● 针对端口绑定 IP+MAC 地址（绑定并检查源 MAC 地址和源 IP 地址）。

Switch(config-if-FastEthernet 0/1)#switchport port-security binding *mac-address* vlan *vlan-id ip-address*

第 4 步，设置处理违例的方式。

Switch(config-if-FastEthernet 0/1)#switchport port-security violation { protect |restric | shutdown }

如果上述违例处理的方式置为 shutdown，且出现违例后，可以通过以命令来恢复端口的操作。

Switch(config)#errdisable recovery

在交换机端口配置模式下，可以使用 no switchport port-security 命令来关闭一个接口的端口安全功能；使用 no switchport port-security maximum 命令来恢复为默认个数；使用 no switchport port-security violation 命令来将违例处理置为默认模式。

6．IP 和 MAC 地址绑定

地址绑定功能是指将 IP 地址和 MAC 地址绑定起来，如果将一个 IP 地址和一个指定的 MAC 地址绑定，则当设备收到源 IP 地址为这个 IP 地址的帧时，但帧的源 MAC 地址不是这个 IP 地址绑定的 MAC 地址时，这个帧将会被设备丢弃。

利用地址绑定这个特性，可以严格控制设备的输入源的合法性校验。需要注意的是，通过地址绑定控制设备的输入，将优先于 802.1X、端口安全及 ACL 生效。

在全局模式下，可以通过以下命令来设置地址绑定。

Switch (config)# address-bind ip-address mac-address

可以在全局配置模式下使用 no address-bind ip-address mac-address 命令可以取消该 IP 地址和 MAC 地址的绑定。

可以在特权模式下使用 show address-bind 命令来显示设备中已经设置了的 IP 地址和 MAC 地址的绑定。

Switch #show address-bind
……

7.2.2 交换机保护端口安全

1．了解交换机保护端口

在某些应用环境下，要求一台交换机上的某些端口之间不能互相通信。在这种环境下，这些端口之间的通信，不管是单址帧、广播帧，还是多播帧，都只有通过三层设备来进行通信。现在网络安全要求也越来越高了，为了实现网络安全的需要，一个局域网内有些需要保护的区域，有时候也需要能够做到互相不能访问。要求一台交换机上的某些端口之间不能互相通信，需要通过端口保护（Switchport Protected）技术来实现。

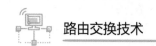

在将某些端口设为保护口之后，保护口之间互相无法通信，保护口与非保护口之间及非保护口之间可以正常通信。

2. 配置交换机保护端口

在交换机接口下将其配置为保护端口的命令如下：

switch(config-if-FastEthernet 0/1)#switchport protected

查看交换机保护端口的命令如下：

switch#show interfaces switchport
……

7.2.3 交换机镜像端口

1. 什么是镜像端口

端口镜像主要用于监控，主要是把交换机一个或多个端口的数据镜像到另一个端口的方法。也就是说交换机把某一个端口接收或发送的数据帧完全相同地复制给另一个端口。其中被复制的端口称为镜像源端口，复制的端口称为镜像目的端口。

2. 交换机端口镜像技术原理

交换机的端口镜像（Port Mirroring）技术是将交换机某个端口的数据流量，复制到另一端口（镜像端口）进行监测。大多数交换机都支持镜像技术，这可以对交换机进行方便的故障诊断，称为"Mirroring"或"Spanning"，默认情况下交换机上这种功能是被屏蔽的。

通过配置交换机的端口镜像功能，允许管理人员自行设置一个监视管理端口，监视被监视端口的数据流量。监视到的数据可以通过计算机上安装的网络分析软件来查看，通过对捕获到的数据进行分析，就可以实时查看被监视端口的情况。对于高级网管员来说，在进行网络故障排查、网络数据流量分析的过程中，也需要对网络节点或骨干交换机的某些端口进行数据流量监控分析，从而在交换机中设置镜像端口。

交换机的镜像端口既可以实现一个 VLAN 中若干个源端口向一个监控端口镜像数据，也可以从若干个 VLAN 向一个监控端口镜像数据。如果交换机的源端口的 5 号端口上所有数据流，均被镜像至交换机上的第 10 号监控端口，则通过该监控端口，可以接收所有来自 5 号端口的数据流。值得注意的是，源端口和镜像端口最好位于同一台交换机上。

3. 配置换机镜像端口

第 1 步，配置镜像源端口。

Switch(config)#monitor session *session* source interface *xx*

第 2 步，配置镜像目的端口。

Switch(config)#monitor session *session* destination interface *xx* switch

需要注意源端口与目的端口的"session"数要一致。如果把某个接口配置为镜像目的口，则该接口无法通信。如果要让这个接口在接收其他口数据的同时也能处理自身的数据，则需要在后面添加"switch"参数。

【任务实施】配置交换机端口安全

【任务规划】

某学校的校园网中要求对网络进行严格控制，为每一位教职工分配固定 IP 地址，不得随意连接其他主机。如图 7-4 所示，某部门的用户连接 Switch 的 Fa0/1 和 Fa0/2 口。其中，一个房间由于用户过多，所以使用 Hub 连接。正常情况下，PC1 和 PC2 可以通信。

为保证网络安全，要求限制 Fa0/1 口下不能超过 10 个用户，且特别要求限制在 Fa0/2 下必须使用 PC2 来连接，且 PC2 的 IP 地址为 192.168.10.2，MAC 地址为 00-1b-b3-02-12-18。如果出现问题则将接口直接关闭。

【实施过程】

该任务的详细配置步骤如下。

（1）按照拓扑图完成组网。

按照拓扑图完成网络场景组建。如果有相应接口变化，则修改接口名称，配置信息没有变化。

（2）配置交换机端口安全，实现最大连接数安全。

图 7-4　交换机端口安全网络拓扑

```
Switch#config terminal
Switch(config)#int fa0/1
Switch(config-if-FastEthernet 0/1)#switchport port-security
                                    ! 开启端口安全功能
Switch(config-if-FastEthernet 0/1)#switchport port-security maximum 10
                                    ! 端口下最多学习 10 个 MAC 地址
Switch(config-if-FastEthernet 0/1)#switchport port-security violation shutdown
                                    ! 出现问题，将端口关闭
Switch(config-if-FastEthernet 0/1)#exit
```

（3）配置交换机端口安全，实现地址绑定安全。

```
Switch(config)#int fa0/2
Switch(config-if-FastEthernet 0/2)#switchport port-security
                                    ! 开启端口安全
Switch(config-if-FastEthernet 0/2)#switchport port-security binding 001b.b302.1218 vlan 1 192.168.10.2
                                    ! 端口绑定上网用户的 MAC 地址、IP 地址、VLAN 等
Switch(config-if-FastEthernet 0/2)#switchport port-security violation shutdown
                                    ! 出现问题，将端口关闭
Switch(config-if-FastEthernet 0/2)#exit
```

（4）验证和测试。

① 在交换机 Fa0/1 口下连接超过 10 台 PC，则超出限制的 PC 无法连接到网络。

② 将 Fa0/2 口下的 PC，换成其他 PC，或将该 PC 的 IP 地址修改，则该 PC 无法连接到网络。

③ 如果出现用户 PC 数量超过限制数量或修改地址，则该接口被关闭。

【任务实施】配置交换机保护端口安全

【任务规划】

如图 7-5 所示，学校某部门办公网中测试计算机 PC1 和 PC2 连接交换机的 Fa0/1 和 Fa0/2 口，该部门的网络服务器 Server 连接交换机的 G0/25 口。要求两台 PC 都能访问服务器，但两台 PC 之间出于安全需要，不能互相访问。

【实施过程】

该任务的详细配置步骤如下。

（1）按照拓扑图完成组网。

按照拓扑图完成网络场景组建。如果有相应接口变化，则修改接口名称，配置信息没有变化。

（2）配置交换机保护端口安全。

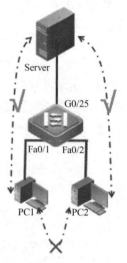

图 7-5 交换机保护端口安全
网络拓扑

```
Ruijie#config terminal
Ruijie(config)#hostname switch
Switch(config)#int range fa0/1-2
Switch(config-if-range)#switchport protected
！将 Fa0/1 和 Fa0/2 口配置为保护端口
switch(config-if-range)#exit
```

（3）测试和验证。

① 给测试计算机 PC1 和 PC2 配置相同网段的 IP 地址。

② 由于在交换机上配置了保护端口，因此，测试计算机 PC1 和 PC2 之间不能通信，但测试计算机可以和服务器通信。

③ 查看保护端口上的安全保护信息，如图 7-6 所示。

```
switch#show interfaces switchport
Interface         Switchport Mode     Access Native Protected VLAN lists

FastEthernet 0/1  enabled    ACCESS   1      1      Enabled   ALL
FastEthernet 0/2  enabled    ACCESS   1      1      Enabled   ALL
FastEthernet 0/3  enabled    ACCESS   1      1      Disabled  ALL
FastEthernet 0/4  enabled    ACCESS   1      1      Disabled  ALL
FastEthernet 0/5  enabled    ACCESS   1      1      Disabled  ALL
```

图 7-6 保护端口上的安全保护信息

【任务实施】配置交换机镜像端口安全

【任务规划】

如图 7-7 所示，学校某部门办公网中测试计算机 PC1 和 PC2 连接交换机的 Fa0/1 和 Fa0/2

口，该部门的服务器 Server 连接交换机的 G0/25 口。其中，由于工作需求，需要配置测试计算机 PC2 为网络管理员，网络管理员可以看到测试计算机 PC1 的所有上网信息。

【实施过程】

该任务的详细配置步骤如下。

（1）按照拓扑图完成组网。

按照拓扑图完成网络场景组建。如果有相应接口变化，则修改接口名称，配置信息没有变化。

（2）配置交换机镜像端口。

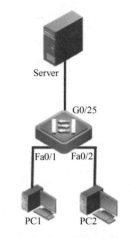

图 7-7　端口镜像网络拓扑

```
Switch#config terminal
Switch(config)#monitor sess 1 source inter fa0/1 both
                                    ! 设置镜像源端口
Switch(config)#monitor sess 1 destination int fa0/2 switch
                                    ! 设置镜像目的端口
Switch(config)#exit
```

备注：为镜像目的端口添加"switch"参数，使得在查看其他端口数据时中自己也可以上网。

（3）测试和验证。

① 给测试计算机 PC1 和 PC2 配置相同网段的 IP 地址。

② 在测试计算机 PC1 上使用 Ping 命令，能 Ping 通测试计算机 PC2，网络通信正常。

③ 由于在交换机上实施了端口镜像，在测试计算机 PC2 上开启抓包软件，在测试计算机 PC1 上访问服务器，则 PC2 也能收到 PC1 的数据。

7.3 任务 3　配置访问控制列表安全

【任务描述】

某小学的财务处、教师办公室和校领导办公室分布在三栋楼办公，因此也分属在不同的三个网段，通过路由技术实现网络互连互通。为了安全起见，学校要求对网络的数据流量进行控制，实现校领导办公室的主机可以访问财务处的主机，但是教师办公室的主机不能访问财务处的主机。

【技术指导】

7.3.1　访问控制列表技术

1. 访问控制列表概述

ACL 全称为访问控制列表（Access Control Lists）。对于许多网管员来说，配置访问控制列表是一件常规工作，可以说，以太网设备的访问控制列表是网络安全保障的第一道关卡。

访问控制列表提供一种机制，它可以控制和过滤通过路由器或交换机的不同接口去往不同方向的信息流。这种机制允许用户使用访问控制列表来管理信息流，以制定内部网络的相关策略。通过 ACL 可以限制网络中的通信数据类型及限制网络的使用者，如图 7-8 所示。

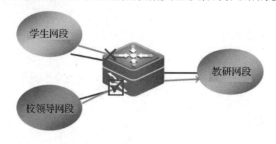

图 7-8　ACL 控制不同的数据流通过网络

ACL 是在交换机和路由器上经常采用的一种防火墙技术，它可以对经过网络设备的数据包根据一定规则进行过滤。交换机或者路由器设备按照 ACL 中的指令顺序执行这些规则，处理每一个进入端口的数据包，实现对进入或者流出网络互连设备中的数据流的过滤。通过在网络互连设备中灵活地增加访问控制列表，可以作为一种网络控制的有力工具，过滤流入和流出的数据包，确保网络的安全，因此，ACL 也被称为软件防火墙，实现以下作用：在内网部署安全策略，保证内网安全权限的资源访问；内网访问外网时，进行安全的数据过滤；防止常见病毒、木马或攻击对用户的破坏。

其实，ACL 的配置就和普通的规则定义没有两样，就是两个步骤：定义规则和将规则应用于接口。在将规则应用于接口的时候，需要注意是入栈应用（进入设备方向）还是出栈应用（从设备输出方向）。另外，在配置的时候，只要注意规定的几个要求，ACL 就会成为你管理网络的最大帮手。因此，掌握 ACL 对于网管员来说是非常重要的。

2. ACL 技术组成

ACL 在数据流通过路由器或交换机时对其进行分类过滤，并对从指定接口输入的数据流进行检查，根据匹配条件决定是允许其通过（Permit）还是丢弃（Deny）。

从安全的角度来看，ACL 可以基于源地址、目的地址或服务类型允许或禁止为特定的用户提供特定的资源，有可能只允许 FTP 流量提供给特定的一台主机，或者可能只允许 HTTP 流量进入 Web 服务器而不是 E-Mail 服务器。

IP ACL 可以在路由器上配置也可以在三层交换机上配置。在路由器配置的 ACL 是由编号来命名的，也叫编号访问控制列表；在三层交换机配置的 ACL 是由字符串名字来命名的，也叫命名访问控制列表。每种 ACL 都分为 IP 标准访问控制列表和 IP 扩展访问控制列表。

一个 ACL 由一系列的表项组成，ACL 中的每个表项称为访问控制项（Access Control Entry，ACE），如图 7-9 所示。

ACL 提供了一种安全访问选择机制，它可以控制和过滤通过网络互连设备上接口的信息流，对该接口上进入、流出的数据进行安全检测。首先需要在网络互连设备上定义 ACL 规则，然后将定义好的规则应用到检查的接口上。该接口一旦激活以后，就自动按照 ACL

中配置的命令,针对进出的每一个数据包特征进行匹配,决定该数据包被允许通过还是拒绝。在数据包匹配检查的过程中,按指令的执行顺序自上向下匹配数据包,逻辑地进行检查和处理。因此,ACE 主要包含识别字段和动作两部分。

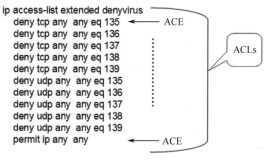

图 7-9　ACL 实例

- 识别字段:与 ACL 匹配的条件。数据的特征如果和该字段完全匹配则说明匹配了 ACE 条目。
- 动作:常见动作有 Permit 和 Deny 两个。当数据匹配后执行相关操作。

按 ACE 的编号依次匹配数据包,当数据匹配了某个 ACE 时,则执行相关动作并退出 ACL;如果没有匹配 ACE,则不执行相关动作并继续向下匹配;如果所有 ACE 都不匹配,则默认执行 Deny 动作。

3. ACL 分类

根据访问控制标准的不同,ACL 分多种类型,实现不同的网络安全访问控制权限。常见的 ACL 有两类:IP 标准访问控制列表(Standard IP ACL)和 IP 扩展访问控制列表(Extended IP ACL)。在规则中使用不同的编号来区别 ACL 的类型,其中,标准访问控制列表的编号取值范围为 1~99,扩展访问控制列表的编号取值范围为 100~199。

两种 ACL 的区别是:标准 ACL 只匹配、检查数据包中携带的源地址信息;扩展 ACL 不仅匹配、检查数据包中的源地址信息,还检查数据包的目的地址,以及检查数据包的特定协议类型、端口号等。扩展访问控制列表规则大大地扩展了数据流的检查细节,为网络的访问提供了更多的访问控制功能。

如果要阻止来自某一网络的所有通信流,或者允许来自某一特定网络的所有通信流,可以使用标准访问控制列表来实现。标准访问控制列表检查路由中数据包的源地址,允许或拒绝基于网络、子网或主机 IP 地址的通信流,通过网络设备出口。

7.3.2　标准访问控制列表

1. 基于编号的标准 ALC

编号 ACL 是在三层网络设备上,基于三层 IP 数据包上建立的安全访问控制技术,其编号取值范围为 0~99 整数值。标准 ACL 只根据源 IP 地址过滤流量,这个 IP 地址可以是一台主机、整个网络或者特定网络上的特定主机。标准 IP ACL 的工作过程如图 7-10 所示。

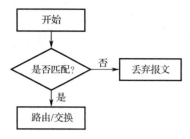

图 7-10　标准 IP 访问控制列表

基于编号的 ACL 检查数据包的源地址信息，数据包在通过网络设备时，设备解析 IP 数据包中的源地址信息，对匹配成功的数据包采取拒绝或允许操作。在编制标准的 ACL 规则时，使用编号 1 到 99 来区别同一设备上配置的不同标准 ACL 条目。

标准 ACL 是所有 ACL 中安全控制的细节最差的一种。它只检查 IP 数据包中的源 IP 地址信息，以达到控制网络中数据包的流向的目的。

当路由器收到一个数据包时，根据该数据包的源 IP 地址从 ACL 中上面第一条语句开始逐条检查各条语句。如果检查到匹配语句，则根据语句中是允许或禁止流量通过来处理该数据包；如果检查到最后一条语句后还没有匹配的语句，则该数据包被丢弃。

注意：在标准或扩展 ACL 的末尾，总有一个隐含的 Deny all 语句。这意味着如果数据包源地址与任何允许语句不匹配，则隐含的 Deny all 语句将会禁止该数据包通过。

2. 配置编号标准 ACL

所有 ACL 都是在全局配置模式下设置的，基于编号的标准 ACL 的配置步骤如下：
第 1 步，配置标准 ACL。

Router(config)#access-list *number* 　{deny | permit}　Source　Source mask

其中，access-list number 是配置的 ACL 的编号，IP 标准 ACL 的编号范围是 1～99；deny/permit 表示 ACL 是禁止还是允许满足条件的数据包通过；Source 是要被过滤数据包的源 IP 地址；Source mask 是通配屏蔽码，1 表示不检查位，0 表示必须匹配位。

其他可提供选项参数是 any 和 host，它们可用于 permit 和 deny 语句之后来说明任何主机或一台特定主机。这两个参数简化了语句，因为它们不需要一个通配屏蔽码。any 参数等同于通配屏蔽码 255.255.255.255，host 参数等同于通配屏蔽码 0.0.0.0。

第 2 步，将 ACL 应用到接口。
建立了标准 ACL 之后，需要将它们应用到路由器的一个接口上。
应用到一个接口上可选择入栈（in）或出栈（out）两个方向。对于某一个接口，当要将从设备外的数据经接口流入设备内时做访问控制，就是入栈（in）应用；当要将从设备内的数据经接口流出设备时做访问控制，就是出栈（out）应用。
路由器的一个接口的一个方向上只能应用一个 ACL。使用如下命令完成 ACL 应用：

Router(config)#interface *interface-id*
Router(config-if-FastEthernet 0/1)#ip access-group *number* {int | out}

第 3 步，查看 ACL。
配置完 ACL 后，若想知道是否正确，可以使用如下命令来检验 ACL：

Router(config)#show access-lists

在定义标准的 ACL 过程中，需要注意以下要点。
- 同一个 ACL 可写多条 ACE，可以重复上述写法，但 ACL 的编号要相同。
- 标准 ACL 的编号范围为 1～99，1300～1999。

- 配置识别字段时，如果匹配所有可以写为"any"，匹配一个 IP 地址可写为"host IP 地址"，如果匹配一个网段，则可以使用"网络号加反掩码"的方式。
- 在调用时需写明数据的方向。

3. 基于命名的标准 ACL

在配置模式下，通过以下步骤来创建一个基于命名的标准 ACL。

在标准与扩展 ACL 中均要使用编号，而在命名 ACL 中使用一个字母或数字组合的字符串来代替数字，从而实现见名知意的效果。

命名 ACL 技术不仅可以形象地描述 ACL 的功能，而且还可以让网络管理员删除某个 ACL 中不需要的语句，在使用过程中方便修改。

使用字符串名称区别不同的 ACL，这也是目前主要的配置 ACL 的方式。

第 1 步，进入全局配置模式。

```
Switch#configure terminal
Switch(config)#
```

第 2 步，进入 access-list 配置模式，用名字来定义一条标准 ACL。

```
Switch(config)#ip access-list standard  {name}
Switch(config-std-nacl)#
```

第 3 步，定义 ACL 条件。

```
Switch(config-std-nacl)#deny {source source-wildcard|host source |any}
```

或：

```
permit{source source-wildcard|host source|any}
Switch(config-std-nacl)#exit
Switch(config)#
```

其中，permit 表示允许通过，deny 表示禁止通过；source 是要被过滤数据包的源 IP 地址；source-wildcard 是通配屏蔽码，指出该域中哪些位进行匹配，1 表示允许这些位不同，0 表示这些位必须匹配；host source 代表一台源主机，其 source-wildcard 为 0.0.0.0；any 代表任意主机，即 source 为 0.0.0.0，source-wildcard 为 255.255.255.255。

第 4 步：应用 ACL。

```
Switch(config)#interface vlan n           ! n 指 vlan n，实现进入 SVI 模式
Switch(config-if)#ip access-group [name] [in|out]
                                ! name 为 ACL 名称，in 或 out 为控制接口流量的方向
Switch(config-if)#end          ! 退回到特权模式
```

第 5 步，显示 ACL。

```
Switch#show access-lists [name]
```

如果不指定 name 参数，则显示所有 ACL。

以下案例是在交换机上配置 ACL，实现只禁止 192.168.2.0 网段上的主机发出的数据，而允许其他任意主机的数据，配置内容如下：

```
Switch#configure terminal
Switch(config)#
Switch(config)#ip access-list standard deny_2.0
Switch(config-std-nacl)#deny 192.168.2.0 0.0.0.255
Switch(config-std-nacl)#permit any
Switch(config-std-nacl)#exit
Switch(config)#interface vlan 2
Switch(config-if)#ip access-group deny_2.0 in
Switch(config-if)#end
Switch#show access-lists
```

7.3.3　扩展访问控制列表

1．基于编号的扩展 ACL

基于编号的扩展 ACL，同基于编号的标准 ACL 一样，也是在三层路由设备上创建的一种安全检查规则，其编号范围为 100 到 199 之间。基于编号的扩展 IP ACL 可以基于数据包源 IP 地址、目的 IP 地址、协议及端口号等信息来过滤流量。

基于编号的扩展 ACL 在数据包的过滤和控制方面，增加了更多的精细度和灵活性，具有比标准的 ACL 更强大的数据包检查功能。

扩展 ACL 不仅检查数据包的源 IP 地址，还检查数据包中的目的 IP 地址、源端口、目的端口、建立连接和 IP 优先级等特征信息，利用这些选项对数据包特征信息进行匹配。

基于编号的扩展 ACL 使用编号范围从 100 到 199 的值，标识区别同一接口上的多条列表。和标准 ACL 相比，扩展 ACL 也存在如下的一些缺点：

一是配置管理难度加大，考虑不周很容易限制正常的访问；二是在没有硬件加速的情况下，扩展 ACL 会消耗路由器的 CPU 资源。所以当使用中低档路由器进行网络连接时，应尽量减少扩展 ACL 条数，以提高系统的工作效率。

2．扩展 ACL 的特点

当路由器收到一个数据包时，路由器根据数据包的源 IP 地址、目的地址、协议及端口号等信息从 ACL 中自上而下检查控制语句。如果检查到报文与一条 permit 语句匹配，则允许该数据包通过；如果报文与一条 deny 语句匹配，则该数据包被丢弃；如果检查到最后一条条件语句后还没有找匹配的，则该数据包也将被丢弃。

一旦 ACL 允许数据包通过，路由器将数据包的目标网络地址与路由器上的内部路由表相比较，就可以把数据包路由到它的目的地。

扩展 ACL 相对标准 ACL 来说更加灵活。使用标准 ACL 只能通过源 IP 地址来进行控制，如果源地址满足条件则无论其他字段如何配置数据都满足条件。而使用扩展 ACL 只有当源 IP 地址、目的 IP 地址、协议等都满足条件数据才进行匹配。

3．配置基于编号的扩展 ACL

和标准 IP ACL 一样，扩展 IP ACL 也在全局配置模式下输入。扩展 IP ACL 的配置步骤如下：

第 1 步，配置扩展 ACL。

Router(config)#access-list listnumber { permit | deny } protocol source source-wildcard-mask destination destination-wildcard-mask [operator operand]

其中，listnumber 为规则编号，扩展 ACL 的规则编号范围为 100～199；permit|deny 表示允许或禁止满足该规则的数据包通过；protocol 可以指定为 0～255 之间的任一协议号，对于常见协议（如 IP、TCP 和 UDP），可以直观地指定协议名，若指定为 IP，则该规则对所有 IP 包均起作用；operator operand 用于指定端口范围，默认为全部端口号 0～65535，只有 TCP 和 UDP 协议需要指定端口范围。

第 2 步，在接口上调用扩展 ACL。

在接口上应用 ACL 的命令如下：

Router(config)#interface *interface-id*
Router(config-if-FastEthernet 0/1)#ip access-group *number* {int | out}

其中，参数 in | out 表示是入栈还是出栈。如果你想让 ACL 对两个方向都有用，则两个参数都要加上，一个表示入栈，一个表示出栈。对于每个协议的每个接口的每个方向，只能应用一个访问控制列表。

在以上配置过程中需要注意以下几个要点。

- 同一个 ACL 可写多条 ACE，可以重复上述写法，但 ACL 的编号要相同。
- 扩展 ACL 的编号范围为 100～199，2000～2699。
- 配置识别字段时，如果匹配所有可以写为"any"；匹配一个 IP 地址可写为"host IP 地址"；如果匹配一个网段，则可以使用"网络号加反掩码"的方式。
- 协议可为 IP、TCP、UDP 等，如果是 TCP 或 UDP 还可以加端口号。
- 在调用时需写明数据的方向。

4. 配置基于命名的扩展 ACL

在交换机特权配置模式下，通过以下步骤来创建一个基于命名的扩展 ACL，这也是目前主要的配置 ACL 的方式。

第 1 步，进入全局配置模式。

Switch>enable
Switch#configure terminal
Switch(config)#

第 2 步，用字符串来定义一个命名扩展 ACL，进入扩展 ACL 配置模式。

Switch(config)#ip access-list extended {name}
witch(config-ext-nacl)#

第 3 步，定义 ACL 条件。

Switch(config-ext-nacl)#{deny|permit} protocol {source source-wildcard|host source |any}[operator port] {destination destination-wildcard|host destination|any}[operator port]
Switch(config-ext-nacl)#exit

其中，deny 为禁止通过，permit 为允许通过；protocol 为协议类型，如 TCP 为 TCP 数据流，UDP 为 UDP 数据流，IP 为任意 IP 数据流；source 为数据包源 IP 地址；source-wildcard 为源 IP 地址通配符；host source 代表一台源主机，其 source-wildcard 为 0.0.0.0；host destination 代表一台目标主机，其 destination-wildcard 为 0.0.0.0；any 代表任意主机，即 source 或 destination 为 0.0.0.0，source-wildcard 或 destination-wildcard 为 255.255.255.255；operator 为操作符，只能为 eq。如果操作符在 source source-wildcard 之后，则报文的源端口在匹配指定值时条件生效；如果操作符在 destination destination-wildcard 之后，则报文的目的端口在匹配指定值时条件生效；port 为十进制值，它代表 TCP 或 UDP 的端口号，其值范围为 0~65535。

第 4 步，应用 ACL。

```
Switch(config)#interface vlan n
                      ! n 是指 vlan n，以实现进入 SVI 模式
Switch(config-if)#ip access-group [name] [in|out]
                      ! name 为 ACL 名称；in 或 out 为控制接口的流量方向
Switch(config-if)#end
```

第 5 步，显示 ACL。

```
Switch#show access-lists [name]
```

如果不指定 name 参数，则显示所有 ACL。

以下案例是在交换机上配置命名扩展 ACL，实现只允许 192.168.2.0 网段上的主机访问 IP 地址为 172.16.1.100 的 Web 服务器，而禁止其他任意主机使用。

```
Switch(config)#ip access-list extended allow_2.0
Switch(config-ext-nacl)#permit tcp 192.168.2.0 0.0.0.255 host 172.16.1.100 eq www
Switch(config-ext-nacl)#exit
Switch(config)#interface vlan 2
Switch(config-if)#ip access-group allow_2.0 in
Switch(config-if)#end
```

7.3.4 时间访问控制列表

1. 什么是时间 ACL

基于时间的 ACL 功能，使管理员可以依据时间来控制用户对网络资源的访问，即可以根据时间来禁止/允许用户访问网络资源。

为了实现基于时间的 ACL 功能，首先必须创建一个 time-range 接口来指明时间与日期。与其他接口一样，time-range 接口是通过名称来标识的。然后，将 time-range 接口与对应的 ACL 关联起来。IP 扩展访问控制列表 ACL 允许与 time-range 的关联。

配置时间 ACL 可以实现所配置的 ACL 只在一个特定时间段内生效，如在办公时间（9:00~18:00）只允许访问 Web 网页，其他应用则被禁止。除办公时间外，任何网络应用都可以使用。这时需要配置基于时间的 ACL，再将时间信息调用到相关的 ACE 条目上。

2. 配置时间 ACL

（1）正确配置设备时间。

为了有效地实现基于时间的 ACL 功能，有必要校正路由器的时钟。具体操作命令如下：

```
Router#clock set XX:XX:XX mouth day year
```

（2）定义时间段。

创建时间接口，并定义时间控制范围，具体操作命令如下：

```
Router (config)#time-range name
Router (config-time-range)#periodic 时间段
```

（3）为 ACL 中特定 ACE 关联定义好的时间段。

只允许扩展 ACL 关联 Time- range 接口，具体操作命令如下：

```
Router (config)#access-list number {deny | permit} 条件 time-range name
```

需要注意以下几点。

- 设置时间段时，常见的参数有：Daily，每天；Friday，星期五；Monday，星期一；Saturday，星期六；Sunday，星期日；Thursday，星期四；Tuesday，星期二；Wednesday，星期三；Weekdays，周一到周五；Weekend，周六和周天。还可以添加时间。
- 时间 ACL 可配置在扩展 ACL 和标准 ACL 的 ACE 中。
- 如果时间在其范围内，则对应的 ACE 生效。

类似这种基于时间的应用控制，由于实际中涉及的应用类型比较复杂，因此多在出口位置采用专用的设备进行控制。

（4）在路由器接口上应用基于时间的 ACL。

在路由器接口上应用基于时间的 ACL 应用和其他类型 ACL 一样，限于篇幅，此处省配置内容略。

（5）使用注意事项。

time-range 接口指定时间是以路由器本地系统时间为准的。在使用基于时间的 ACL 功能之前，必须确认路由器提供可靠的实时时钟。

使用特权层命令 clock set hh: mm: ss date month year 来设置路由器本地时间，可以使用特权用户命令 clock update-calendar 来保存设置。

time-range 接口上允许配置多条 periodic 规则，在 ACL 进行匹配时，只要能匹配任意一条 periodic 规则即可认为匹配成功，而不是要求必须同时匹配多条 periodic 规则。

time-range 接口上只允许配置一条 absolute 规则。

time-range 允许 absolute 规则与 periodic 规则共存，此时，ACL 必须首先匹配 absolute 规则，然后再匹配 periodic 规则。

如果 ACL 关联的 time-range 接口不存在，系统就认为 ACL 已经在时间上匹配，即忽略时间因素。

以下案例是在路由器上配置基于时间的 ACL，实现在路由器接口 Fa0 上的 UDP 数据包，被限制在 2022 年 1 月 1 日上午 8:00 到 2022 年 12 月 31 日下午 6:00 之间的周末（星期六与星期日）可以发送。

```
Router>enable
Router# config terminal
Router(config)# time-range time-range-abc
Router(config-time-range)# absolute start 8:00 1 January 2022 end 18:00 31 December 2022
```

```
Router(config-time-range)# periodic weekends 00:00 to 23:59
Router(config-time-range)#exit
Router(config)# access-list 101 permit udp any any time-range time-range-abc
Router(config)#interface fastethernet 0
Router(config-if)#ip access-group 101 out
Router(config-if)#end
```

【任务实施】配置编号标准 ACL

【任务规划】

某小学的学校财务处和教师办公室分布在不同的地方办公，学校要求对网络的数据流量进行控制，实现教师办公室主机不能访问财务处主机。如图 7-11 所示，学校财务处的测试计算机 PCA 连在路由器的 Fa0/1 口，教师办公室的测试计算机 PCB 连在路由器的 Fa0/2 口。

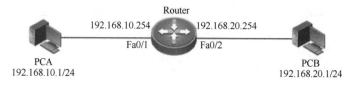

图 7-11 配置编号标准 ACL 的网络拓扑

其中，PCA 的 IP 地址规划为 192.168.10.1/24，PCB 的 IP 地址规划为 192.168.20.1/24。路由器 Fa0/1 口的 IP 地址规划为 192.168.10.254/24，做 PCA 的网关，路由器 Fa0/2 口的 IP 地址规划为 192.168.20.254/24，做 PCB 的网关。

正常情况下，两部门中的测试计算机可以通信，现在由于安全要求，使用 ACL 技术，实现 PCA 和 PCB 不能通信。

【实施过程】

该任务的详细配置步骤如下。

（1）按照拓扑图完成组网。

按照拓扑图完成网络场景组建。如果有相应接口变化，则修改接口名称，配置信息没有变化。

（2）配置测试计算机的 IP 地址和网关。

按照以上的 IP 地址规划信息，配置测试计算机的 IP 地址及网关。限于篇幅，配置过程省略。

（3）配置互连的路由器设备的 IP 地址。

```
Router>enable
Router#config terminal
Router(config)#int fa0/1
Router(config-if-FastEthernet 0/1)#ip address 192.168.10.254 255.255.255.0
Router(config-if-FastEthernet 0/1)#exit

Router(config)#int fa0/2
```

```
Router(config-if-FastEthernet 0/2)#ip address 192.168.20.254 255.255.255.0
Router(cofnig-if-FastEthernet 0/2)#exit
Router(config)#
```

（4）配置路由器设备基于编号的标准 ACL。

```
Router(config)#
Router(config)#access-list 1 deny host 192.168.10.1
                              ！该 ACL 不允许源地址为 192.168.10.1 的数据通过
Router(config)#access-list 1 permit 192.168.10.0 0.0.0.255
                              ！但允许 192.168.10.0/24 网段其他地址的数据通过
```

> 备注：该 ACL 可以配置多条规则，但标号要相同。

（5）在路由器的接口上应用 ACL。

```
Router(config)#int fa0/1
Router(config-if-FastEthernet 0/1)#ip access-group 1 in
                              ！将 ACL 调用到 Fa0/1 口的入方向
Router(config-if-FastEthernet 0/1)#exit
Router(config)#
```

> 备注：也可以调用到 Fa0/2 口的出方向。

（6）测试和验证。

打开测试计算机 PC1 和 PC2，转到 DOS 模式，使用 Ping 命令测试网络连通情况。

结果从测试计算机 PC1 上，不能 Ping 通到测试计算机 PC2，说明 ACL 发挥阻挡作用。

【任务实施】配置编号扩展 ACL

【任务规划】

如图 7-12 所示，学校财务处的计算机 PC1、PC2 和账目服务器 PC3 分别连在部门的接入交换机 Fa0/1、Fa0/2 和 Fa0/3 口上。

其中，财务处的计算机 PC1 的 IP 地址规划为 192.168.1.1/24，计算机 PC2 的 IP 地址规划为 192.168.1.2/24，账目服务器 PC3 的 IP 地址规划为 192.168.1.3/24。

出于安全的需要，保证部门计算机 PC1 和服务器 PC3 之间不能通信，部门计算机 PC2 和服务器 PC3 之间可以通信，部门计算机 PC1 和 PC2 之间也可以通信。

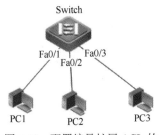

图 7-12　配置编号扩展 ACL 的网络拓扑

【实施过程】

该任务的详细配置步骤如下。

（1）按照拓扑图完成组网。

按照拓扑图完成网络场景组建。如果有相应接口变化，则修改接口名称，配置信息没有变化。

（2）配置计算机和服务器的 IP 地址和网关。

按照以上的 IP 地址规划信息，配置测试计算机和服务器的 IP 地址及网关。限于篇幅，配置过程省略。

（3）在交换机设备上配置编号扩展 ACL。

```
Switch>enable
Switch#config terminal
Switch(config)#access-list 101 deny ip host 192.168.1.1 host 192.168.1.3
Switch(config)#access-list 101 permit ip host 192.168.1.1 host 192.168.1.2
Switch(config)#
```

备注：可以简化配置"permit ip host 192.168.1.1 host 192.168.1.2"实现该功能。

（4）在交换机接口 Fa0/1 的入方向上应用 ACL。

```
Switch(config)#int fa0/1
Switch(config-if-FastEthernet 0/1)#ip access-group 101 in
```

（5）测试和验证。

打开测试计算机 PC1、PC2 和服务器 PC3，转到 DOS 模式进行测试，使用 Ping 命令测试网络连通情况。

结果测试计算机 PC1 不能和 PC3 通信，PC1 可以和 PC2 通信，PC2 可以和 PC3 通信。

【任务实施】配置时间 ACL

【任务规划】

如图 7-13 所示，学校教务处的办公计算机 PC1 和资料服务器 PC2，分别连接部门交换机 Fa0/1 和 Fa0/2 口。其中，办公计算机 PC1 的 IP 地址规划为 192.168.1.1/24；资料服务器 PC2 的 IP 地址规划为 192.168.1.2/24。

出于安全考虑需要，实现每天上午 9:00 到 12:00，办公计算机 PC1 可以访问资料服务器 PC2，其他时间不能通信。

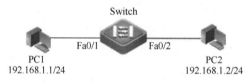

图 7-13　配置时间 ACL 的网络拓扑

【实施过程】

该任务的详细配置步骤如下。

（1）按照拓扑图完成组网。

按照拓扑图完成网络场景组建。如果有相应接口变化，则修改接口名称，配置信息没有变化。

（2）配置计算机和服务器的 IP 地址和网关。

按照以上的 IP 地址规划信息，配置测试计算机和服务器的 IP 地址及网关。限于篇幅，配置过程省略。

（3）在交换机上配置时间段。

```
Switch>enable
Switch#config terminal
Switch(config)#time-range dingxiligongxuexiao
Switch(config-time-range)#periodic weekdays 9:00 to 12:00
Switch(config-time-range)#exit
Switch(config)#
```

（4）在交换机上配置基于时间的 ACL。

```
Switch(config)#access-list 1 permit host 192.168.1.1 time-range dingxiligongxuexiao
```

（5）在交换机的接口上应用 ACL。

```
Switch(config)#int fa0/1
Switch(config-if-FastEthernet 0/1)#ip access-group 1 in
Switch(config-if-FastEthernet 0/1)#exit
```

> 备注：需要先确保时间正确。

（6）测试和验证。

打开测试计算机 PC1 和服务器 PC2，转到 DOS 模式，使用 Ping 命令进行测试。

修改交换机的系统时间，在规定时间内，办公计算机 PC1 可以 Ping 通资料服务器 PC2。继续修改交换机的系统时间，超出规定时间，办公计算机 PC1 不可以 Ping 通资料服务器 PC2。

【任务实施】配置名称 ACL

【任务规划】

如图 7-14 所示，在学校的网络中心搭建了 FTP 服务和 Web 服务场景，规划网络中心的网段地址为 172.17.1.0/24。出于安全的需要，要求实现校园网中 172.16.1.0/24 网段中的计算机，能够访问 172.17.1.1/24 服务器上的 FTP 服务和 Web 服务；而对该服务器上的其他服务被禁止访问；但是，可以访问 172.17.1.2 服务器上的任何服务。

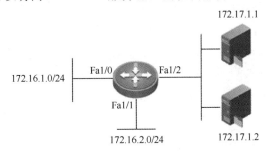

图 7-14　配置名称 ACL 的网络拓扑

【实施过程】

该任务的详细配置步骤如下。

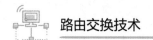

（1）按照拓扑图完成组网。

按照拓扑图完成网络场景组建。如果有相应接口变化，则修改接口名称，配置信息没有变化。

（2）配置测试计算机的 IP 地址和网关。

按照以上的 IP 地址分配信息，配置测试计算机的 IP 地址及网关。限于篇幅，配置过程省略。

（3）在路由器上配置 IP 地址信息。

```
Router>enable
Router#config terminal
Router(config)#int fa1/0
Router(config-if-FastEthernet 1/0)#ip address 172.16.1.254 255.255.255.0
Router(config-if-FastEthernet 1/0)#exit

Router(config)#int fa1/1
Router(config-if-FastEthernet 1/1)#ip address 172.16.2.254 255.255.255.0
Router(config-if-FastEthernet 1/0)#exit

Router(config)#int fa1/2
Router(config-if-FastEthernet 1/0)#ip address 172.17.1.254 255.255.255.0
Router(config-if-FastEthernet 1/0)#exit
Router(config)#
```

（4）在路由器上配置命名扩展 ACL。

```
Router(config)#ip access-list extended dingxi
Router(config-ext-nacl)#permit tcp 172.16.1.0 0.0.0.255 host 172.17.1.1 eq www
Router(config-ext-nacl)#permit tcp 172.16.1.0 0.0.0.255 hsot 172.16.1.1 eq ftp
Router(config-ext-nacl)#permit tcp 172.16.1.0 0.0.0.255 host 172.16.1.1 eq ftp-data
Router(config-ext-nacl)#permit ip 172.16.1.0 0.0.0.255 host 172.16.1.2
Router(config-ext-nacl)#exit
Router(config)#
```

（5）在路由器的接口上调用 ACL。

```
Router(config)#int fa1/0
Router(config-if-FastEthernet 1/0)#ip access-group dingxi in
Router(config-if-FastEthernet 1/0)#exit
Router(config)#
```

（6）测试和验证。

打开测试计算机 PC1 和 PC2，转到 DOS 模式进行测试。

通过测试，网段 172.16.1.0 中的主机能够访问 172.17.1.1 中的 FTP 服务和 Web 服务，而对该服务器的其他服务被禁止访问，可以访问 172.17.1.2 的任何服务。

【认证测试】

下列每道试题都有多个答案选项，请选择一个最佳的答案。

1. 配置端口安全存在（　　　）的限制。

　　A. 一个安全端口必须是一个 Access 端口，即连接终端设备的端口，而非 Trunk 端口

　　B. 一个安全端口不能是一个聚合端口

　　C. 一个安全端口不能是 SPAN 的目的端口

　　D. 只能在部分端口上配置端口安全

2. 在交换机上，端口安全的默认配置是（　　　）。

　　A. 默认为关闭端口安全　　　　　　　B. 最大安全地址个数是 128

　　C. 没有安全地址　　　　　　　　　　D. 违例方式为保护（Protect）

3. 当端口由于违规操作而进入"err-disabled"状态后，可以使用（　　　）命令手工将其恢复为 UP 状态。

　　A. errdisable recovery　　　　　　　B. no shutdown

　　C. recovery errdisable　　　　　　　D. recovery

4. 交换机 RGNOS 目前支持的访问控制列表类型有（　　　）。

　　A. 标准 IP ACL　　　　　　　　　　B. 扩展 IP ACL

　　C. MAC ACL　　　　　　　　　　　D. MAC 扩展 ACL

5. ACL 的作用是（　　　）。

　　A. 安全控制　　　　B. 流量过滤　　　　C. 数据流量标识　　　　D. 流量控制

6. 在某台路由器上配置了访问控制列表，其中以下命令的含义是（　　　）。

```
access-list 4 deny 202.38.0.0 0.0.255.255
access-list 4 permit 202.38.160.1 0.0.0.255
```

　　A. 只禁止源地址为 202.38.0.0 的网段的所有访问

　　B. 只允许目的地址为 202.38.0.0 的网段的所有访问

　　C. 检查源 IP 地址，禁止网段 202.38.0.0 的计算机，允许其中网段 202.38.160.0 的计算机

　　D. 检查目的 IP 地址，禁止网段 202.38.0.0 的计算机，允许其中网段 202.38.160.0 的计算机

7. 以下情况可以使用 ACL 准确描述的是（　　　）。

　　A. 禁止有 CIH 病毒的文件到我的计算机

　　B. 只允许系统管理员可以访问我的计算机

　　C. 禁止所有使用 Telnet 的用户访问我的计算机

　　D. 禁止使用 Unix 系统的用户访问我的计算机

8. 配置以下两条 ACL，分别为 ACL1 和 ACL2，则它们所控制的地址范围的关系是（　　　）。

```
access-list 1 permit 10.110.10.1 0.0.255.255
access-list 2 permit 10.110.100.100 0.0.255.255
```

　　A. 1 和 2 的范围相同　　　　　　　　B. 1 的范围在 2 的范围内

　　C. 2 的范围在 1 的范围内　　　　　　D. 1 和 2 的范围没有包含关系

9. 以下访问控制列表的含义是（　　　）。

```
access-list 102 deny udp 129.9.8.10 0.0.0.255 202.38.160.10 0.0.0.255 gt 128
```

    A. 规则序列号是 102，禁止网段 202.38.160.0/24 中的计算机与网段 129.9.8.0/24 中的计算机使用端口大于 128 的 UDP 进行连接

    B. 规则序列号是 102，禁止网段 202.38.160.0/24 中的计算机与网段 129.9.8.0/24 中的计算机使用端口小于 128 的 UDP 进行连接

    C. 规则序列号是 102，禁止网段 129.9.8.0/24 中的计算机与网段 202.38.160.0/24 中的计算机使用端口小于 128 的 UDP 进行连接

    D. 规则序列号是 102，禁止网段 129.9.8.0/24 中的计算机与网段 202.38.160.0/24 中的计算机使用端口大于 128 的 UDP 进行连接

10. 标准 ACL 以（　　）作为判别条件。

    A. 数据包的大小　　　　　　　　　B. 数据包的源地址

    C. 数据包的端口号　　　　　　　　D. 数据包的目的地址

11. 下列哪个访问控制列表范围符合 IP 范围？（　　）

    A. 1～99　　　　B. 200～299　　　　C. 800～899　　　　D. 900～999

12. 访问控制列表分为哪两类？（　　）

    A. 标准访问控制列表，高级访问控制列表

    B. 高级访问控制列表，时间访问控制列表

    C. 低级访问控制列表，高级访问控制列表

    D. 扩展访问控制列表，标准访问控制列表

13. 标准访问控制列表是根据什么来判断数据包的合法性的？（　　）

    A. 源地址　　　　　　　　　　　　B. 目的地址

    C. 源和目的地址　　　　　　　　　D. 源地址及端口号

14. 以下为标准访问控制列表的选项是（　　）。

    A. access-list 116 permit host 2.2.1.1

    B. access-list 1 deny 172.168.10.198

    C. access-list 1 permit 172.168.10.198 255.255.0.0

    D. access-list standard 1.1.1.1

15. 为了防止冲击波病毒，请问在路由器上应采用以下哪种技术？（　　）

    A. 网络地址转换

    B. 标准访问控制列表

    C. 采用私有地址来配置局域网用户地址以使外网无法访问

    D. 扩展访问控制列表

16. "interface fasterethnet0 ip access-group 1 in" 的含义是（　　）。

    A. 数据包从路由器进入局域网时数据被检查

    B. 数据包从局域网进入路由器时被检查

    C. 两个方向都检查

    D. 需要根据 access-list 1 的内容来判断

17. 配置了访问控制列表为 "access-list 101 permit 192.168.0.0 0.0.0.255 10.0.0.0 0.255.255.255"，请问最后默认的规则是什么？（　　）

    A. 允许所有的数据包通过　　　　　B. 仅允许到 10.0.0.0 的数据包通过

    C. 拒绝所有数据包通过　　　　　　D. 仅允许到 192.168.0.0 的数据包通过

18．扩展访问控制列表不可以采用以下哪个来允许或者拒绝报文？（　　　）

    A．源地址　　　　　B．目标地址　　　　　C．MAC 地址　　　　D．端口

19．在访问控制列表中，有一条规则为"access-list 131 permit ip any 192.168.10.0 0.0.0.255 eq ftp，"。在该规则中，any 的意思是（　　　）。

    A．检查源地址的所有 bit 位　　　　　　B．检查目的地址的所有 bit 位

    C．允许所有的源地址　　　　　　　　　D．允许 255.255.255.255 0.0.0.0